AF387394

Christian Baumgartner

Mobiler Hochwasserschutz in urbanen Gebieten

Ein Überblick und Anwendungsmöglichkeiten
einzelner mobiler Hochwasserschutzsysteme

disserta
Verlag

Baumgartner, Christian: Mobiler Hochwasserschutz in urbanen Gebieten: Ein Überblick und Anwendungsmöglichkeiten einzelner mobiler Hochwasserschutzsysteme.
Hamburg, disserta Verlag, 2015

Buch-ISBN: 978-3-95935-018-1
PDF-eBook-ISBN: 978-3-95935-019-8
Druck/Herstellung: disserta Verlag, Hamburg, 2015
Covermotiv: © Uladzimir Bakunovich – Fotolia.com

Bibliografische Information der Deutschen Nationalbibliothek:
Die Deutsche Nationalbibliothek verzeichnet diese Publikation in der Deutschen Nationalbibliografie; detaillierte bibliografische Daten sind im Internet über http://dnb.d-nb.de abrufbar.

Zusammenfassung

Die in den letzten Jahren aufgetretenen Überflutungen in Graz haben die Notwendigkeit eines geeigneten Hochwasserschutzsystems unterstrichen. Besonders in urbanen Gebieten spielt die Anwendbarkeit und Flexibilität solcher Systeme eine wichtige Rolle.

Im Vorfeld dieses Fachbuches wurde eine umfangreiche Recherche zum Thema „Mobiler Hochwasserschutz in urbanen Gebieten" durchgeführt. Auf den folgenden Seiten werden die Grundlagen zur Entstehung von Hochwasser in Gebieten mit hohem Versiegelungsgrad erläutert und eine Entscheidungshilfe für die Anwendung von mobilen Hochwasserschutzsystemen unter pluvialen Bedingungen ausgearbeitet. Der Fokus wird dabei auf die Anwendbarkeit der Systeme mit kurzen Vorwarnzeiten, wie sie in urbanen Gebieten ihre Anwendung finden, gelegt. Ein besonderes Augenmerk wird dabei den planmäßig mobilen und den notfallmäßigen Hochwasserschutzsystemen gewidmet.

Praxisorientierte Maßnahmen bei Überflutungen sowie ein Maßnahmenplan der Stadt Graz werden als Beispiele angegeben.

Abstract

Due to recent floods in Graz the demand for suitable flood protection has been strengthen. Especially in urban regions the usability and flexibility of such systems play a major role.

Preliminary to this thesis a review about "Mobile flood protection in urban areas" has been conducted. In the following the principles of floods in urbanized areas with high degrees of imperviousness surface are explained and a decision guidance for the usage of mobile flood protection systems under pluvial conditions is given. The focus is set on the usability on systems with short prewarning times. Special consideration is given on the one hand to systematic mobile flood protection systems and on the other hand to emergency flood protection systems.

The usability of these systems and an action plan for Graz are elucidated in some examples

Gleichheitsgrundsatz

Aus Gründen der Lesbarkeit wurde in diesem Fachbuch darauf verzichtet, geschlechtsspezifische Formulierungen zu verwenden. Jedoch möchte ich ausdrücklich festhalten, dass die bei Personen verwendeten maskulinen Formen für beide Geschlechter zu verstehen sind.

Inhaltsverzeichnis

Abkürzungsverzeichnis

ZAMG	Zentralanstalt für Meteorologie und Geodynamik
LWZ	Landeswarnzentrale
BMLFUW	Bundesministerium für Land- und Forstwirtschaft, Umwelt und Wasserwirtschaft
BLW	Bayrisches Landesamt für Wasserwirtschaft
HWS - System	Hochwasserschutzsystem

1 Veranlassung und Ziel

Statistiken belegen, dass aufgrund klimatischer Veränderungen, Hochwasserereignisse infolge von Starkregen in den nächsten Jahren zunehmen werden. Besonders in Ballungsräumen, ist mit einer drastischen Verschärfung der Problematik zu rechnen. Die Unvorhersehbarkeit und mangelnde Vorsorge lassen zum einen Kosten aufgrund von Sachwertsbeschädigung entstehen und zum anderen ist bei einer Überschwemmung auch mit einer psychischen Belastungen der Betroffenen zu rechnen.

Überschwemmungen hat es schon immer gegeben, im Gegensatz zu früher haben sich jedoch die Randbedingungen geändert. Flüsse wurden begradigt, was eine Zunahme der Fließgeschwindigkeit zur Folge hat und somit die dynamisch wirkenden Kräfte des Wassers erhöht. Retentionsräume wurden verkleinert um eine möglichst große Fläche für Besiedelungen freigeben zu können. Flächen, wie Felder oder Grünräume, welche vormals als Versickerungsflächen für den Niederschlag dienten, werden zunehmend durch Bebauung versiegelt. Die Folge ist ein erhöhter Abfluss in kürzerer Zeit. Bäche, welche in das Kanalsystem eingeleitet werden, verursachen bei starken Regenereignissen möglicherweise eine Überlastung des Kanalsystems. Aufgrund der vernetzten Kanalstränge und bedingt durch mangelnde Sicherungsmaßnahmen ist es möglich, dass auch Häuser, die nicht direkt dem Hochwasser ausgesetzt sind, Schaden durch das Wasser im Kanalsystem nehmen können. Solche Überflutungen müssen jedoch nicht nur auf einer Überlastung des Kanalsystems basieren. Einflussfaktoren wie Verstopfungen oder Engstellen können ebenso ein Auslöser für das Überlaufen von Sanitäranlagen, welche am Kanalsystem angeschlossen sind, sein. Abgesehen von den dadurch entstehenden Sachschäden sind Verschmutzung und hygienische Verunreinigung Faktoren, die zur Abwertung des Objekts beitragen und nicht unberücksichtigt bleiben dürfen.

Maßnahmen wie Hochwasserrückhaltebecken, Dämme und Retentionsflächen sind unabdingbare Werkzeuge zum Schutz gegen fluviale Überschwemmungen. Mithilfe solcher Bauten ist es möglich, weitläufige Schutzzonen auf Dauer zu errichten. Diese, flächenmäßig meist sehr ausgedehnten Maßnahmen, sind in der Regel in nicht urbanen Gebieten wie Flussufern, Stadträndern usw. anzufinden. In urbanen Gebieten, wo es vermehrt zu pluvialen Überschwemmungen kommt, ist es aufgrund von beengten Platzverhältnissen oder aus ästhetischen Gründen oft nicht möglich, Objekte in solch großer Dimension zu errichten. In solchen Fällen kommen mobile Hochwasserschutzsysteme zum Einsatz, deren Fokus je nach System auf Mobilität oder Flexibilität liegen.

Ziel dieses Fachbuches ist es, eine umfangreiche Recherche zum Thema „Mobile Hochwasserschutzsysteme in urbanen Gebieten" durchzuführen, um Vor- und

Nachteile mit Schwerpunkt auf Logistik, Anwendbarkeit und Sicherheit für jedes System aufzuzeigen. Abschließend werden die Systeme nach unterschiedlichen Kriterien für eine Anwendung bei pluvialen Hochwasserereignissen in urbanen Gebieten bewertet.

2 Grundlagen

2.1 Hochwasser

2.1.1 Definition\Beschreibung

Hochwasser ist ein natürliches Phänomen, das sich nicht verhindern lässt. Allerdings tragen bestimmte menschliche Tätigkeiten (wie die Zunahme von Siedlungsflächen und Vermögenswerten in Überschwemmungsgebieten sowie die Verringerung der natürlichen Wasserrückhaltefähigkeit des Bodens durch Flächennutzung) und Klimaänderungen dazu bei, die Wahrscheinlichkeit des Auftretens von Hochwasserereignissen zu erhöhen und deren nachteilige Auswirkungen zu verstärken. EU - Hochwasserrichtlinie, (Richtlinie 2007/60/EG).

Die DIN 4049-1: Hydrologie; Grundbegriffe (1992) definiert Hochwasser als einen *„Zustand in einem oberirdischen Gewässer, bei dem der Wasserstand oder der Durchfluß einen bestimmten Wert (Schwellenwert) erreicht oder überschritten hat."*

Hochwasser sind wiederkehrende Ereignisse, deren Wahrscheinlichkeit durch die HQ Zahl ausgedrückt wird. Zum Beispiel ist das 100jährliche Hochwasser mit der Kennzahl HQ_{100} ein Ereignis, das statistisch gesehen in 100 Jahren einmal auftritt. Das heißt aber nicht, dass nach einem Jahrhunderthochwasser, hundert Jahre kein Ereignis dieser Größe stattfindet. Ein solches Hochwasser kann einem vergleichbaren dieser Größe in einem kurzen zeitlichen Abstand folgen.

Laut Thuerkow (2008) begünstigen oder lösen folgende Einflussfaktoren ein Hochwasser aus:

- Intensität des Niederschlages bzw. des Schneeschmelzprozesses
- Dauer des Niederschlages und somit die Niederschlagssumme
- zeitliche Verteilung des Niederschlages (anfangs-, endbetont)
- Räumliche Verteilung des Niederschlages
- Geländeform, Ausprägung des Reliefs
- Bodenbeschaffenheit – Wasseraufnahmefähigkeit des Bodens im Einzugsgebiet (Vorfeuchte, Eisbedeckung, Verdichtungsgrad)
- Ausprägung des Gewässernetzes

Laut dem Bundesverband für Naturschutz (2004) können auch zusätzliche Faktoren relevant sein:

- Versiegelungen durch verbaute Flächen

- erhöhter Grundwasserdruck

- Rückstauungen aufgrund von Flussverengungen oder Einmündungen

- durch übermäßig bewachsene Ufer erzeugte Uferrauheit

- Hangrutschungen

sowie:

- unterdimensionierte Kanalsysteme

- verstopfte Abwasserleitungen

- nicht mehr ausreichende Einleitungskapazität

Unter Betrachtung des natürlichen Wasserkreislaufes (Niederschlag – Verdunstung – Versickerung – Abfluss, siehe Abbildung 1) sind Hochwasser unter Änderung der Ausprägung der Einflussfaktoren ein Teil des Wasserkreislaufes und somit gilt für Hochwasserereignisse wie für den natürlichen Wasserkreislauf ebenso die Wasserhaushaltsgleichung laut Patt et al. (2001):

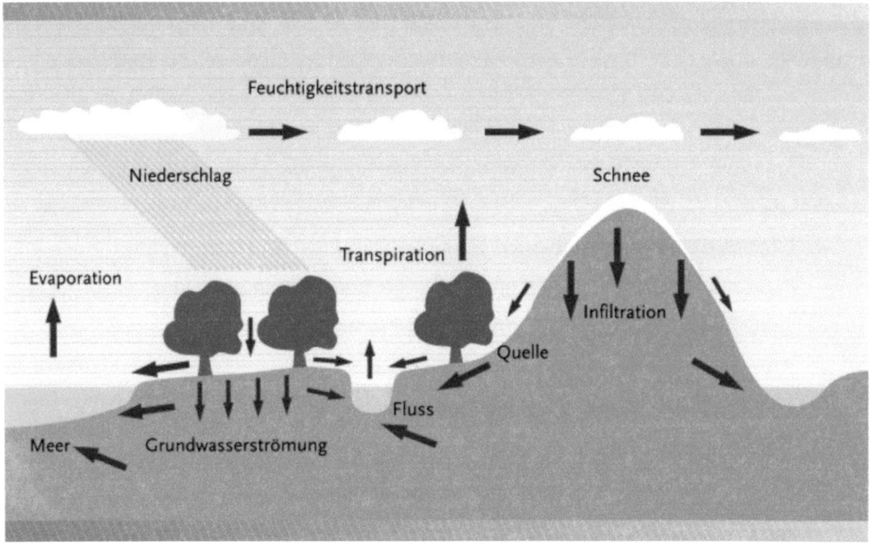

Abbildung 1: Schematische Darstellung des Wasserkreislaufes (Hack, 2001)

14

2.1.2 Kenngrößen und Einwirkungsparameter

Durch eine Aufzeichnung des Wasserstandes während eines Hochwassers entsteht eine sogenannte Hochwasserganglinie (Abbildung 2). Diese beschreibt den Pegelstand eines Flusses über einen bestimmten Zeitraum und hat eine spezifische Wellenform. Den gesamten Prozess von Anstieg und Rückgang des Hochwassers nennt man Hochwasserwelle (BLW, 2004).

Die wichtigsten Kenngrößen eines Hochwassers sind **Scheitel**, **Fülle** und **Dauer** (Bronstert, et al., 2001).

Je nach Literatur werden Scheitel und Fülle auch als Durchflussmaximum und Volumen bezeichnet.

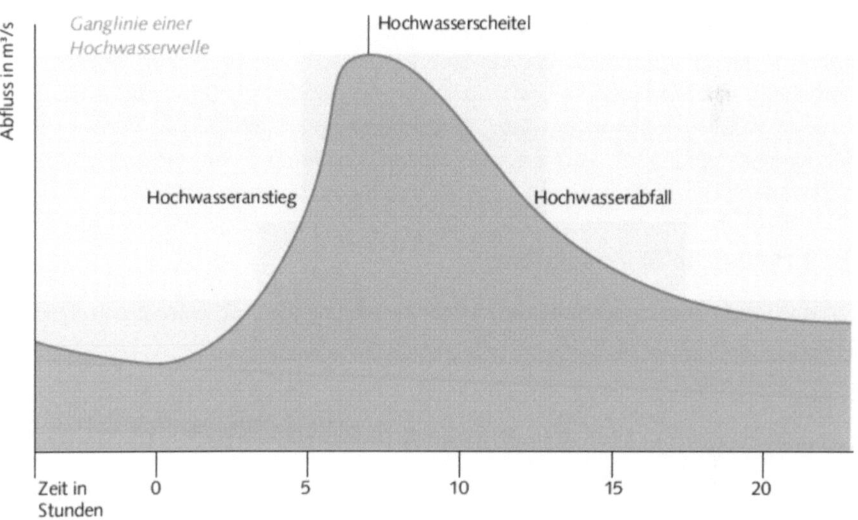

Abbildung 2: Darstellung einer Hochwasserganglinie (BLW, 2004)

Als Scheitel wird der höchste Wert einer Hochwasserganglinie bezeichnet. Die Überschwemmungstiefe bestimmt den vertikalen Einflussbereich über der Geländeoberkante. Meist erfolgt der Anstieg kontinuierlich mit einem Maximum beim oder kurz nach dem Hochwasserscheitel. Bei Ereignissen mit einer Wellenfront wie Hochwasser im Gebirge, bei Dammbrüchen oder Flutwellen tritt die maximale Überschwemmungstiefe bei Ereignisbeginn auf. (Egli, 2002).

Als Fülle eines Hochwassers wird jenes Wasservolumen in m³ bezeichnet, welches während des Ereignisses zum Abfluss kommt.

Die Überschwemmungsdauer beginnt zum Zeitpunkt der Benetzung mit Wasser und endet zum Zeitpunkt des Trockenfallens (Egli, 2002).

Zusätzliche wichtige Parameter sind **Fließgeschwindigkeit** und **Anstiegsgeschwindigkeit.**

Die Fließgeschwindigkeit erreicht in steilerem Gelände (5 – 10 % Neigung) etwa 3 bis 5 m/s wenn die Überschwemmung höher als 0,5 m ist. Derart hohe Geschwindigkeiten treten entlang kanalisierter Bereiche wie etwa bei Straßenzügen auf, da dort ein schneller Abfluss erwünscht ist. Ferner treten bei Dammbrüchen in der Nähe einer Bresche (Lücke, Spalte) ebenso hohe Fließgeschwindigkeiten auf. In flachem Gelände (kleiner 2 % Neigung) reduziert sich die Fließgeschwindigkeit im Allgemeinen unter 2 m/s.

Die Anstiegsgeschwindigkeit beschreibt die Schnelligkeit des Wasseranstieges während der Überschwemmung. Dieser Parameter bestimmt unter anderem die Bedrohung von Personen in- und außerhalb von Gebäuden. Eine hohe Anstiegsgeschwindigkeit ist insbesondere bei Überschwemmungen infolge von Verklausungen (Gerinneverstopfung mit nachfolgender lokaler Ausuferung) oder einem Dammbruch zu erwarten (Egli, 2002).

2.1.3 Natürliche Einflussfaktoren

Folgende natürliche Einflussfaktoren sind für die Bildung von Hochwasser entscheidend:

- Einzugsgebiet

  Unter Einzugsgebiet wird jene Fläche verstanden, von der aus Niederschlag aus einem Regenereignis zum Fließgewässer abfließt. Große Fließgewässer können sich aus mehreren Flüssen aus verschiedenen Einzugsgebieten zusammensetzen. Wesentlich für die Entstehung eines Hochwassers ist die Form des Geländes im Einzugsgebiet. Bei flächenmäßig kleinem jedoch sehr steilem Gelände, welches überregnet wird, fließt das Wasser schneller ab und der Pegel im Fluss steigt dementsprechend schnell. Die Konzentrationszeit vom Regenereignis bis zum Abfluss, ist in solchen Gebieten somit sehr kurz. Ist flaches Gelände vorhanden bei dem die Abflusszeiten in den Fluss größer sind, ist die Konzentrationszeit länger und der Abfluss dauert somit länger. Die Konzentrationszeit wird durch die Parameter Einzugsgebietsgröße, -gefälle und –form bestimmt. (BLW, 2004)

  In Abbildung 3 werden zwei verschieden Abflusswellen mit unterschiedlichen Einzugsgebietsformen dargestellt.

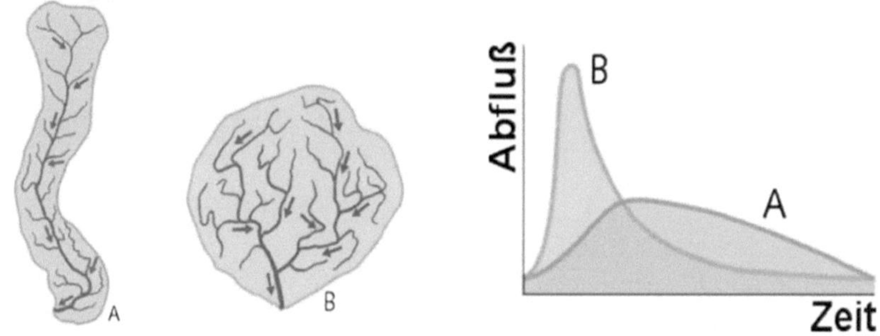

Abbildung 3: Abfluss in Abhängigkeit von der Form des Einzugsgebietes. Im lang gestreckten Einzugsgebiet (A) verteilt sich das Wasser gleichmäßiger und bildet somit eine flache und lange Abflusswelle. Beim kreisrunden Einzugsgebiet läuft das Wasser aus allen Teilen gleichzeitig zusammen und bildet somit eine kurze und steile Abflusswelle (BLW, 2004)

- Wetter- und Klimaverhältnisse

Verschiedene Wetter- und Klimafaktoren können ein Hochwasserereignis verursachen bzw. begünstigen.

Schneeschmelze im Winter und Frühjahr liefert in alpinen Gebieten nach dem Regen den größten Beitrag zur Entstehung von Hochwasserereignissen (BLW, 2004). Das Abflussverhalten wird durch verschiedene Faktoren wie steigender Lufttemperatur (Schneeschmelze) oder auftretendem Niederschlag bzw. durch deren Zusammenspiel stark beeinflusst. Bilden sich im Fließgewässer Eisschollen bzw. Treibeis, sind beim Herausbrechen dieser Verklausungen und ein dadurch verursachter Anstieg des Wasserspiegels möglich.

2.1.4 Anthropogene Einflussfaktoren

Unter anthropogenen Einflussfaktoren versteht man die Veränderung der Umwelt durch den Menschen.

In vielen Jahrhunderten haben die Menschen aus der Naturlandschaft Mitteleuropas großflächig eine Kulturlandschaft gemacht. Die Wälder wurden abgeholzt. Die Sümpfe und Feuchtwiesen wurden weiträumig trockengelegt. Acker- und Weiden wurden angelegt (Graw, 2003).

Besonders in Stadtnähe nimmt der Landschaftsverbrauch durch den Neubau von Objekten wie beispielsweise Häuser oder Straßen immer mehr zu.

Das Abflussverhalten unterschiedlich genutzter Einzugsgebiete ist nach Pelikan (2006) in Abbildung 4 dargestellt.

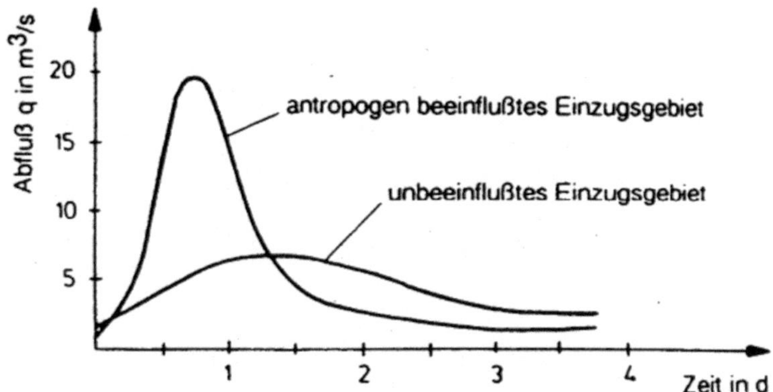

Abbildung 4: Unterschied des Abflussverhaltens zwischen antropogen und unbeeinflusstem Einzugsgebiet. Die Ordinate beschreibt die Wassermenge, die Abszisse die Zeitdauer (Pelikan, 2006)

Anthropogene Einflussfaktoren werden unterschieden in:

- Landnutzung und Bodenbewirtschaftung

  Durch eine landwirtschaftliche Nutzung verändern sich die Bodeneigenschaften und der Bewuchs. Umwandlungen von Grün- zu Ackerland sowie Waldrodungen haben einen vermindernden Einfluss auf den natürlichen Bewuchsspeicher. Die Sickereigenschaften des Bodens werden durch Bodenverdichtungen beeinflusst, was zur Folge hat, dass der natürliche Bodenspeicher nicht mehr zur Gänze funktioniert und eine Beschleunigung des Oberflächenabflusses erfolgt. (Bronstert, et al., 2001)

- Versiegelung und Bebauung

  Versiegelung wird als Überbegriff für eine Abdichtung der Bodenoberfläche in Zusammenhang mit Baumaßnahmen wie Straßen, Gehwegen, Parkplätzen oder Häusern verwendet. Die Auswirkungen der Versiegelung der Bodenoberflächen und des Ausbaus der Entwässerungssysteme werden auch als Urbanisierungseffekt bezeichnet (Bronstert, et al., 2001).

  Eine Erhöhung der versiegelten Fläche bedeutet eine Erhöhung der Niederschlagswasser, welche nicht mehr in den Boden versickert werden können und infolgedessen in das Entwässerungssystem gelangen. Die Zahl der verbauten Flächen ist in Österreich zwischen 1979 und 1986 täglich um 10 ha gewachsen. Dagegen ist die landwirtschaftliche genutzte Fläche täglich um ca. 28 ha zurückgegangen (Vogel, 1990).

Versiegelungen und Bebauungen werden tendenziell als hochwasserverschärfend angesehen. Aufgrund des schnellen Abflusses und der kaum möglichen Speicherung auf versiegelten Oberflächen, erhöhen sich die Scheitelabflüsse von Hochwassern bei kleineren und mittleren Jährlichkeiten. Der Wellenscheitel wird zeitlich vorgelagert, was auf die nachfolgenden zwei Gründe zurückzuführen ist. Erstens kommt es durch das Vorhandensein von Flächen mit einer geringen Oberflächenrauigkeit zu schneller ablaufenden oberirdischen Fließprozessen. Zweitens erfolgt durch eine hohe Anschlussdichte an das kommunale Kanalnetz eine raschere Ableitung des anfallenden Niederschlagswassers (Bronstert, et al., 2001).

Abbildung 5 zeigt unterschiedlich große Abflüsse (engl. runoff) bei verschieden hoher Bebauungsdichte und Versiegelung. Es ist ersichtlich, dass umso größer der Versiegelungs- und Bebauungsgrad ist, desto größer ist der Abfluss. Gleichzeitig gehen Verdunstungsrate (engl. evapotranspiration) sowie Oberflächenversickerung und Grundwasseranreicherung (engl. shallow infiltration, deep infiltration) zurück.

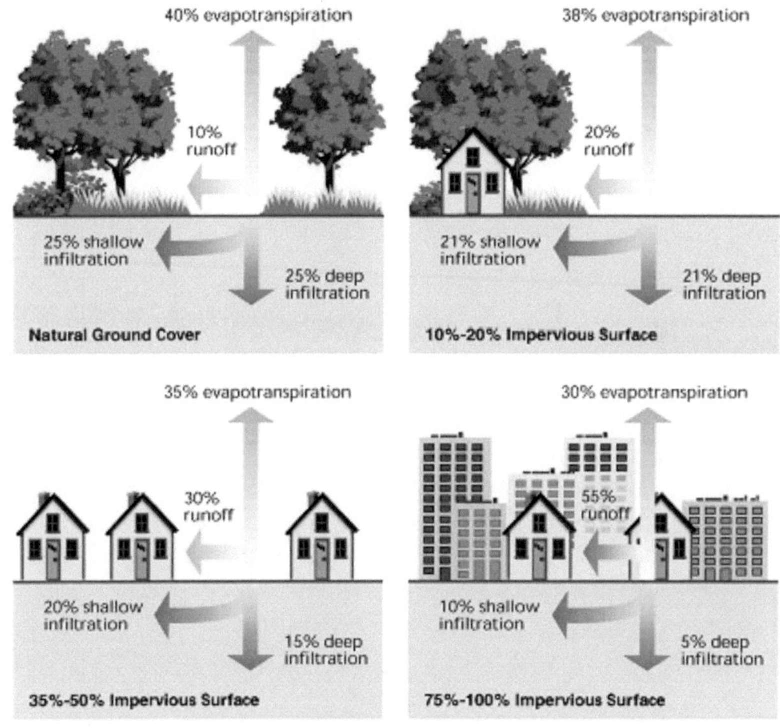

Abbildung 5: Einfluss unterschiedlicher Urbanisierungsgrade auf den Wasserhaushalt (www.city.kamloops.bc.ca, Zugriff am 25.10.2012)

Um eine Aussage zwischen Niederschlag und Abfluss tätigen zu können, wird nach Vogel in *„Handbuch zur Umweltschonenden Beschaffung in Österreich"* (1990) der Abflussbeiwert wie folgt definiert: Der Abflussbeiwert (siehe Formel 1) ergibt sich durch (ChB) *„die Verhältniszahl zwischen dem Regenwasserabfluß und dem Regenwasseranfall einer Fläche. Die Regenabflußmenge wird durch das in Bodenvertiefungen zurückgehaltene oder durch Versickern und Verdunsten verlorengegangene sowie von Pflanzen aufgenommene Wasser reduziert. Der Abflußbeiwert wird u. a. durch die Bebauungsdichte beeinflusst."*

$$\psi = \frac{A}{N}$$

Formel 1

$A \dots effektiver\ Niederschlag$

$N \dots Gesamtniederschlag$

Abflussbeiwerte liegen, außer in Sonderfällen wie der Schneeschmelze oder unter Talsperreneinfluss, zwischen 0 und 1. Ein Abflussbeiwert mit einem Wert von 0 bedeutet, dass der gesamte Niederschlag im Einzugsgebiet zurückgehalten wird. Ein Abflussbeiwert mit einem Wert von 1 bedeutet, dass der gesamte Niederschlag, der gefallen ist, zum Abfluss kommt (Patt, et al., 2001).

Der Gesamtwasserabfluss Q berechnet sich somit nach folgender Formel:

$$Q = r * \psi * A$$

Formel 2

$Q \dots Regenabfluss\ aus\ dem\ Einzugsgebiet$

$r \dots Regenintensität$

$\psi \dots Abflussbeiwert$

$A \dots beregnete\ Fläche$

2.1.5 Arten von Hochwasserereignissen

Im anglo-amerikanischen Raum wird zwischen pluvialem und fluvialem Hochwasserereignissen unterschieden.

- **Pluviales Hochwasser**

  Pluviale Hochwasser treten meist infolge von Starkregenereignissen wie z.B. Sommergewitter, Schneeschmelze und infolge einer Überlastung des Kanalsystems auf. Nach solchen Starkregenereignissen fließt das Wasser durch urbanes Gebiet in ein Kanalsystem oder in Fließgewässer. Dabei entstehen Überflutungen meist aufgrund zu hoher Versiegelung oder mangelnder Bodendurchlässigkeit. Die Vorwarnzeit ist bei dieser Art von Hochwasser sehr kurz (Jha, et al., 2012).

- **Fluviales Hochwasser**

  Fluviale Hochwasser entstehen wenn Oberflächenwasser in ein Fließgewässer mündet und dieses bei einem Starkregenereignis aufgrund von Überbelastung über die Uferränder tritt. Durch Messung der Pegelstände im Fließgewässer ist eine lange Vorwarnzeit möglich (Jha, et al., 2012).

Laut Patt et al. (2001) können Hochwasser aufgrund ihrer zeitlichen Dauer, Größe und der Art ihres Einzugsgebietes in folgende Ereignisse unterteilt werden:

- **Sturzfluten**

  Sturzfluten sind lokale, plötzliche auftretende und sehr dynamische Hochwasserereignisse, welche in kleinen Einzugsgebieten durch lokale Starkregenereignisse verursacht werden. Findet der Niederschlag in einem sehr steilen Gelände und in einem sehr kurzen Zeitraum statt, bildet sich die Hochwasserwelle sehr plötzlich. Durch die hohe Energie und Dynamik solcher Wellen, werden auf dem Weg ins Tal Bäume, Sträucher, große Felsbrocken oder sogar ganze Talflanken mitgerissen. Wenn ein kleines Einzugsgebiet welches nur wenige Hektar groß ist, von einem Starkregen betroffen wird, dann können innerhalb kürzester Zeit extreme Oberflächenabflüsse entstehen. Diese Abflüsse sind räumlich begrenzt. Aufgrund ihrer hohen Intensität und Energie, sind solche Ereignisse sehr gefährlich (in Anlehnung an Sowa, 2010).

- **Lokale Überschwemmungen aus Starkniederschlägen**

  Lokale Überschwemmungen aus Starkniederschlägen entstehen wie Sturzfluten in kleinen Einzugsgebieten aber in ebenem Gelände. Verursacht werden sie durch Starkregenereignisse bzw. Unwetter, die zu lokalen Überflutungen führen.

Im Unterschied dazu unterteilt Pagenkopf (2003) Hochwasserereignisse nach ihren Auslösern:

- Regenhochwasser - lang anhaltende Niederschläge (zyklonal, orographisch)

- Flashfloods - Schauer

- Schmelzhochwässer - Schnee, Gletscher

- Sturmfluten - Meeresflut

- Stauhochwasser - Eisstau, Verklausung, Rückstau an Einmündungen, Windstau

- Katastrophenhochwasser - Dammbruch, Erdbeben, Bergsturz

- Kombinationen

2.2 Arten von Hochwasserschäden

In Anlehnung an die 1997 verfasste Empfehlung *„Berücksichtigung der Hochwassergefahren bei raumwirksamen Tätigkeiten"* der Bundesämter der Schweiz, wird zwischen statischer und dynamischer Überschwemmung unterschieden. Zusätzlich können noch Murenabgänge, Ufererosion und Grundwasseranstieg für Beschädigungen an Nutzungsobjekten verantwortlich sein.

2.2.1 Schäden infolge dynamischer Überschwemmung

Schäden aus dynamischen Überschwemmungen sind durch hohe Fließgeschwindigkeiten (größer 1 m/s) gekennzeichnet. Diese treten meist bei Wildbächen, Gebirgsflüssen und in geneigtem Gelände auf. In flachem Gelände treten hohe Geschwindigkeiten an Engstellen wie z.B. bei Toren, Durchbrüchen und Durchlässen auf.

Die primäre Gefährdung erfolgt durch den Strömungsdruck. Der maßgebende Schadensparameter ist als Produkt aus mittlerer Fließgeschwindigkeit und Wassertiefe festgelegt (Loat, et al., 1997). Weiters können durch die hohe Fließgeschwindigkeit Erosionsschäden entstehen. Diese treten meist in Nahbereichen von Hindernissen wie Gebäude oder Pfeiler auf. Aufgrund der hohen Fließgeschwindigkeit bei Engstellen, sind diese besonders auf Erosion beansprucht.

In Einzelfällen ist die Stoßwirkung (siehe 3.5) von mitgeführten Objekten (Steine, Schwemmholz etc.) zu berücksichtigen. In der Schutzwasserwirtschaft werden deshalb vor Hochwasserrückhaltebecken sogenannte Grobrechen angeordnet um eine Verklausung (vollständiger Verschluss eines Fließgewässerquerschnitts infolge einer Ablagerung von Treibgut oder Totholz) zu verhindern.

2.2.2 Schäden infolge statischer Überschwemmung

Bei einer statischen Überschwemmung ist die Fließgeschwindigkeit kleiner 1 m/s (Egli, 2002). Der Anstieg der Wassertiefe außerhalb des Gerinnes ist meist relativ langsam. Die statische Überschwemmung tritt in flachem Gelände und entlang von Seen auf. Der maßgebende Schadensparameter ist die maximale Überschwemmungstiefe. Das Ausmaß der Schäden wird durch die Anstiegsgeschwindigkeit des Wassers, die Mächtigkeit der Feststoffablagerungen und die Überschwemmungsdauer beeinflusst (Loat, et al., 1997)

2.2.3 Murenabgänge

Murenabgänge oder auch Mure, Schlammstrom, Schlammlawine oder Geröll-Lawine genannt, treten im Zusammenhang mit Hochwasser in steilen Wildbachgebieten mit meist über 15 % Bachgefälle auf (Loat, et al., 1997).

Im Falle eines im Gebirge auftretenden Hochwassers, kann Gesteinsmaterial aus Hangrutschungen, Geschiebe und Geröllmassen sowie Schutthalden in Bewegung geraten und in Wildbächen talabwärts fliesen. Der Fluss kann durch Hangrutsche, Bergschlipfe oder nach Felsstürzen aufgestaut werden, weil sein ursprünglicher Fließweg versperrt wurde (BLW, 2004).

2.2.4 Grundwasseranstieg

Lang andauernde Regenfälle sowie Unwetter mit starken Niederschlägen können zu einem Grundwasseranstieg führen. Ebenso kann der Grundwasserspiegel in der Nähe von Sohl- und Uferbereichen von hochwasserführenden Oberflächengewässern ansteigen. Dieser Anstieg erfolgt meist unbemerkt von unten aus dem Erdreich. Besonders betroffen sind dabei unterkellerte Gebäude, da ein Eindringen des Grundwassers aufgrund des Grundwasserdrucks möglich ist. (BLW, 2004)

Verunreinigungen des Wassers in Brunnen sowie Feldvernässungen sind mögliche Folgen eines Grundwasseranstiegs.

2.2.5 Ufererosion

Als Ufererosion wird das Nachbrechen der Uferböschung infolge Tiefen- und Seitenerosion verstanden. Durch schnell fließendes Wasser werden Lockermaterial und Gesteine, welches der Erosionskraft nicht standhält, mitgerissen. Man unterscheidet zwischen Ufererosion und Sohlerosion. In vielen Fällen ist die Ufererosion, wie in Abbildung 6 zu sehen, die schadensreichste Art, da Gebäude und Brücken nahe am Gewässer beschädigt werden können.

Abbildung 6: Ufererosion - Unterspülte Straße nahe einem Oberflächengewässer
(www.bundesheer.gv.at, Zugriff am 1.10.2012)

Das entscheidende Sicherheitskriterium für Bauten und Anlagen ist somit ihre Fundationstiefe. Ist diese unzureichend, das heißt geringer als die Erosionstiefe, so ist ein Einsturz unvermeidlich (Loat, et al., 1997).

Die internationale Kommission zum Schutz des Rheins unterscheidet bei Hochwasserereignissen zwischen direkten und indirekten Schäden:

- Direkte Schäden

  Der Schaden tritt durch die direkte Einwirkung des Wassers und seiner mitgeführten Stoffe ein. Vernässung und Schmutzeinlagerung führen zu teilweisem bis vollständigem Wertverlust an Gebäudestruktur (Böden, Wände, Decken), Installationen und am Gebäudeinhalt. In Einzelfällen kann auch die Statik betroffen sein (Auftrieb, Erosion, etc.). Mit zunehmender Überschwemmungsdauer breitet sich die Feuchtigkeit auch oberhalb der maximalen Einstauhöhe aus. Dieser Umstand ist insbesondere bei längeren Einstauzeiten zu berücksichtigen. Mit Öl oder Fäkalien kontaminiertes Wasser kann bei Objekten allein durch eingelagerte Geruchsstoffe zu einem Totalschaden führen. Eingelagerte Feststoffe in elektrischen oder mechanischen Apparaten führen zu Betriebsstörungen und können oftmals nicht mit verhältnismäßigem Aufwand entfernt werden. Insbesondere sind auch EDV – bzw. EDV – gesteuerte Anlagen gefährdet. (Sowa, 2010)

- Indirekte Schäden

  Als indirekte Schäden ökonomischer Art werden laut Egli (2002) bezeichnet:

  o Betriebsunterbrechungen

  o unterbrochene Infrastruktur (Ver- und Entsorgung)

  o Kosten für Provisorien

  o sowie der erlittene Marktverlust

  Diese können insbesondere im Gewerbe- und Industriebereich die direkten Schäden übersteigen.

  In Abbildung 7 sind mögliche direkte und indirekte Schäden bei verschiedenen Nutzungsarten dargestellt.

	Direkte Schäden	Indirekte Schäden
Handwerk, Handel, Industrie	Verlust an Material, Werkzeug, Lagergut Verlust an Mobiliar und Archiven	Reinigungskosten Reisekosten Betriebsausfall
Landwirtschaftliche Betriebe	Schäden an Nebenbauten Verlust an Material, Werkzeug, Lagergut Verlust an Viehbestand und Ernte	Betriebsausfall Produktionsausfall
Eigenheime	Schäden an Immobilien Schäden an Mobilien und Werten	Unterbringungskosten Reinigungskosten
Öffentliche Dienste und Netze	Verlust an immobilen Gütern Verlust an Ausrüstung	Reinigungskosten Kosten für die Organisation d. Rettungsdienstes und die Ersatzdienstleistungen
Kulturerbe, Umwelt	Schäden an Kulturerbe (unvollständige Schätzung)	Wiederinstandsetzungskosten
Lokale Wirtschaft		Senkung d. Finanzen, späterer Einnahmen, des Grundstückspreises

Abbildung 7: Direkte und indirekte Schäden bei verschiedenen Nutzungsarten (Egli, 2002)

Nachfolgende Grafik (Abbildung 8) aus dem Jahr 2005 zeigt global gesehen die Anzahl und Aufteilung der Naturkatastrophen im Zeitraum von 1950 bis 2004. Es ist ersichtlich, dass Überschwemmungen relativ gesehen einen großen Teil der jährlichen Katastrophen ausmachen.

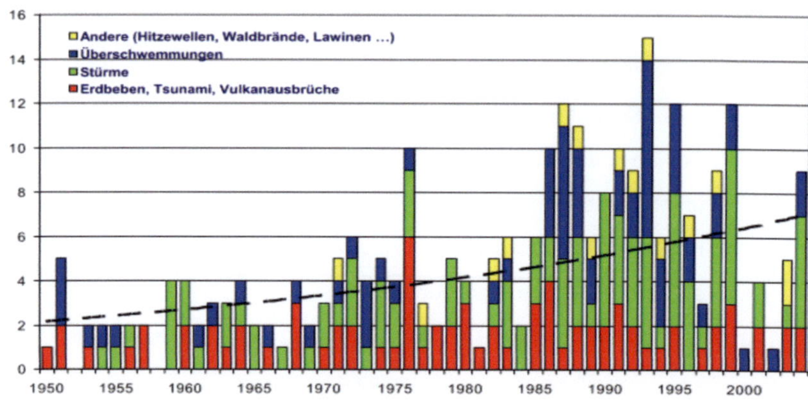

Abbildung 8: Naturkatastrophen in den Jahren 1950 bis 2004. Die Ordinate stellt die Anzahl der Ereignisse dar, die Abszisse beschreibt eine Zeitachse von 1950 bis 2004. © 2005 NatCatSER-VICE, Geo Risks Research, Munich Re (Höppe, 2005)

Anhand der Steigung der schwarz-strichlierten Linie ist erkennbar, dass Naturkatastrophen einen steigenden Trend aufweisen. Aus der Grafik lässt sich ableiten, dass der Anstieg zum überwiegenden Teil auf die beiden Faktoren Überschwemmungen und Stürme zurückzuführen ist. In welchem Maße diese beiden Faktoren zusammenhängen, wird in diesem Fachbuch nicht behandelt.

Drückt man diese Werte in US-Dollar aus, so ergibt sich laut Höppe (2005) folgende Grafik (Abbildung 9).

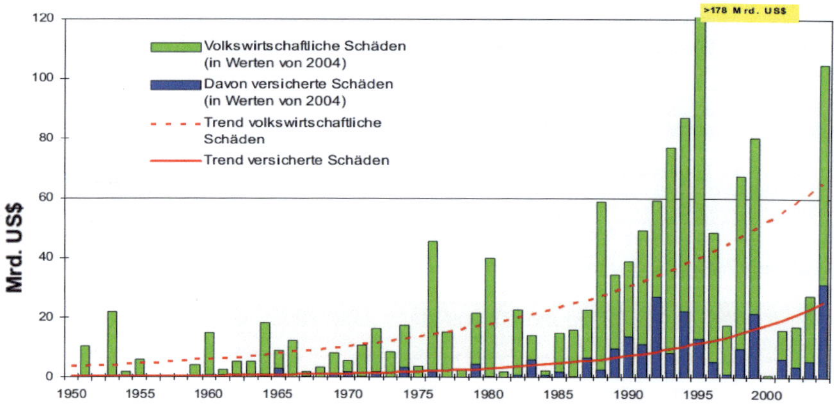

Abbildung 9: Naturkatastrophen und ihre Schäden in US-Dollar dargestellt. Die Ordinate stellt den Schaden in Mrd. US-Dollar dar, die Abszisse beschreibt eine Zeitachse von 1950 bis 2004. © 2005 NatCatSERVICE, Geo Risks Research, Munich Re (Höppe, 2005)

26

Anhand dieser Grafik lässt sich ableiten, dass sich aufgrund des Trends die volkswirtschaftlichen Schäden in den nächsten Jahren erhöhen werden (rote Linie).

Diese Zunahme der Schadenszahlen lässt sich laut Höppe (2005) auf immer größere Wertschöpfung (Anm. d. Autors: Wertzunahme eines Objektes) und einer zunehmenden Bebauungsdichte zurückführen. In gleichem Maß erhöht eine zunehmende Empfindlichkeit das Schadensausmaß, da Gebäude im Vertrauen auf eine Erhöhung der Sicherheit durch Schutzbauten nicht an die Umgebung angepasst, gebaut und genutzt werden.

2.3 Hochwasserwarnsysteme

Ziel eines Hochwasserwarnsystem ist es, bei Gefahr die zuständigen Organe sowie Betroffene frühzeitig zu informieren.

Laut einer Studie zum Thema *„Hochwasserschutz mit Mobilelementen"* vom BMLFUW aus dem Jahr 2000, stehen Hochwasserdienste derzeit in Tirol, Vorarlberg und der Steiermark zu Verfügung. Hochwasservorhersagesysteme werden in Salzburg, Kärnten, Oberösterreich, Niederösterreich und in Wien betrieben.

Um ein möglichst engmaschiges Netz an Daten zu erhalten, bedient man sich diverser Quellen wie z.B. der Verbund AG (österr. Kraftwerksbetreiber). Diese erstellen Abflussprognosen für bestimmte Einzugsgebiete welche teilweise in die Berechnungen für Hochwasserwarnungen der Länder herangezogen werden. Das Prognosemodell der Verbund AG ermittelt das Abflussgeschehen an rund 30 Pegelständen in Österreich bis zu 4 Tage im Voraus. Um solch lange Vorhersagemodelle generieren zu können, werden Daten von folgenden Wetterdiensten herangezogen: Reading (UK), European Centre for Medium-Range Weather Forecast (ECMWF) und der ZAMG, bei der die Daten räumlich besser aufgelöst sind (Praxl-Abel, 2011).

Bei Hochwasserwarnsystemen unterscheidet man zwischen Hochwasserwarnungen für Unterläufe größerer Gewässer, bei denen relevante Daten mittels Oberliegerpegelmessungen und Wellenablaufmodelle abgerufen werden, und Oberläufen in alpinen Lagen.

Sind nur kleine Einzugsgebiete betroffen, werden Niederschlagsprognosen sowie Radarbilder als Frühwarnsystem herangezogen.

Abbildung 10 zeigt eine Übersicht aller Messstellen in Österreich welche Daten zu den hydrografischen Landesdienststellen übertragen.

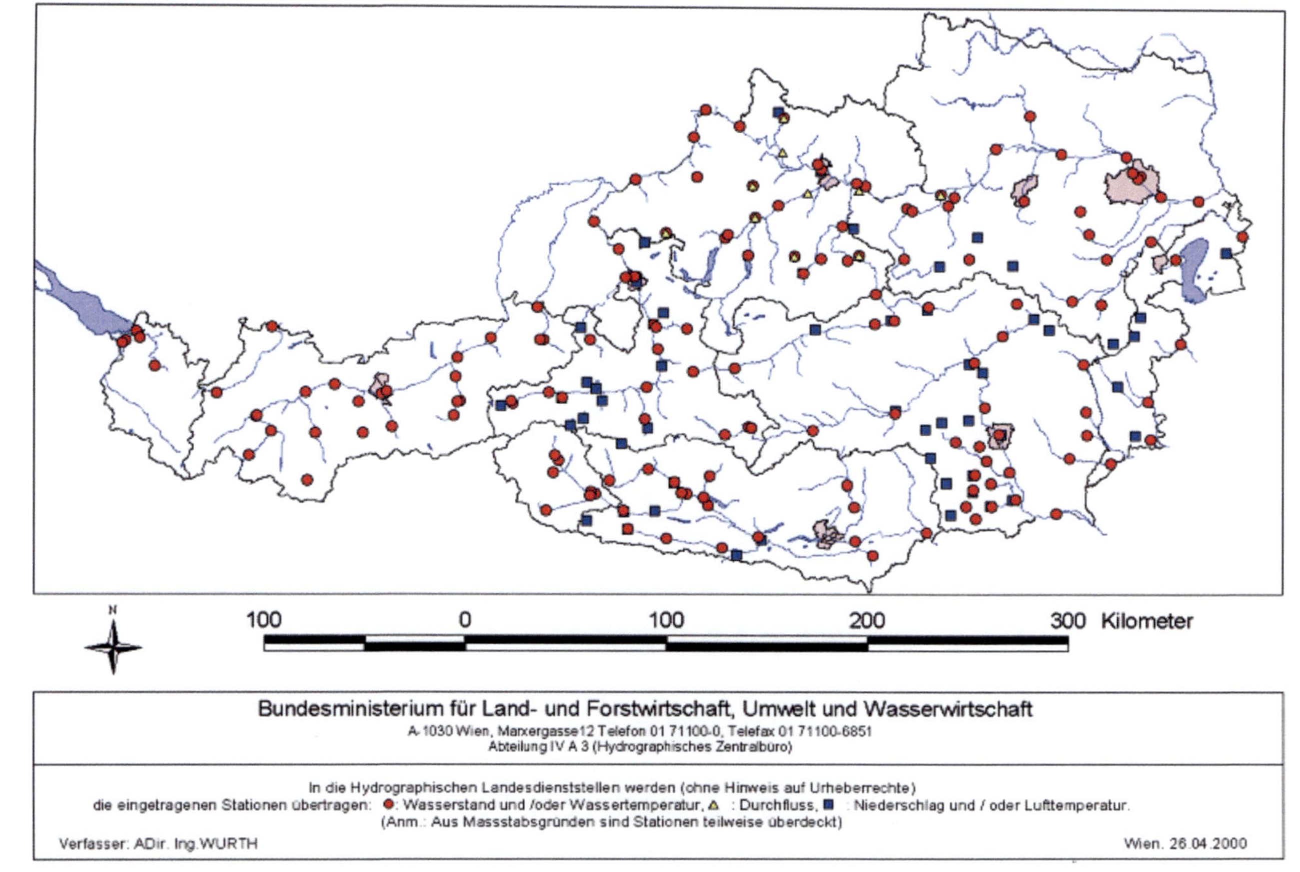

Abbildung 10: Übersicht aller fernübertragenden Messstellen welche zu den hydrografischen Landesdienststellen übertragen (www.wasserwirtschaft.steiermark.at, Zugriff am 26.4.2000)

28

2.4 Alarm- und Einsatzplan

2.4.1 Alarmplan

Um eine rechtzeitige Einberufung des Einsatzstabes zu gewährleisten, regelt der Alarmplan alle damit verbundenen Maßnahmen. Dieser enthält von Informationen der personellen Zusammensetzung des Einsatzstabes über Verteilung der Zuständigkeiten bis hin zu Telefonnummern der Wasserstandsabrufpegel alle Informationen um die ersten Schritte einleiten zu können.

Der Einsatzstab besteht neben dem Leiter des Stabes aus Vertretern welche für die Umsetzung der erforderlichen Maßnahmen verantwortlich sind. Die Zuständigkeiten des Einsatzstabes sind die Lageüberwachung sowie Anordnung und Koordination von Maßnahmen gemäß dem Alarm- und Einsatzplan.

Gemäß dem BWK (2005) in *„Mobile Hochwasserschutzsysteme"*, werden die einzelnen Meldestufen in der Regel über maßgebende Schwellenwerte der Wasserstände festgelegt und sind eindeutig zu definieren. Ein mögliches Beispiel dafür kann der nachfolgenden Abbildung (Abbildung 11) entnommen werden.

Vorwarnstufe	Hochwasser- oder Starkniederschlagwarnung - Überwachung der Hochwasserentwicklung durch Einsatzleiter
Alarmierungsstufe 1	Erster kritischer Wasserstand beobachtet oder vorhergesagt - Besetzung des Einsatzstabes
Alarmierungsstufe 2	Zweiter kritischer Wasserstand beobachtet oder vorhergesagt - Alamierung der Einsatzkräfte - Aufbau der Elemente
Alarmierungsstufe 3	Wasserstand erreicht Unterkante der Schutzeinrichtung - Überwachung des aufgebauten Systems
Alarmierungsstufe 4	Freibord wird unterschritten (beobachtet / vorhergesagt) - Gefahr des Überströmens oder Versagens - Alamierung der Bevölkerung - Vorbereitung und evtl. Durchführung von Evakuierung
Alarmierungsstufe 5	Schutzanlage wird überströmt - Einleitung von Katastrophenschutzmaßnahmen (kein Bestandteil des Betriebsplans für mobile HWS)

Abbildung 11: Meldestufen und deren Schwellenwerte der Wasserstände (BWK, 2005)

Um die unterschiedlichen Vorwarnstufen zu verdeutlichen, ist in Abbildung 12 eine Hochwasserganglinie (rechts) mit den einzelnen Meldestufen und dem Ausmaß der Überschwemmung (links) dargestellt.

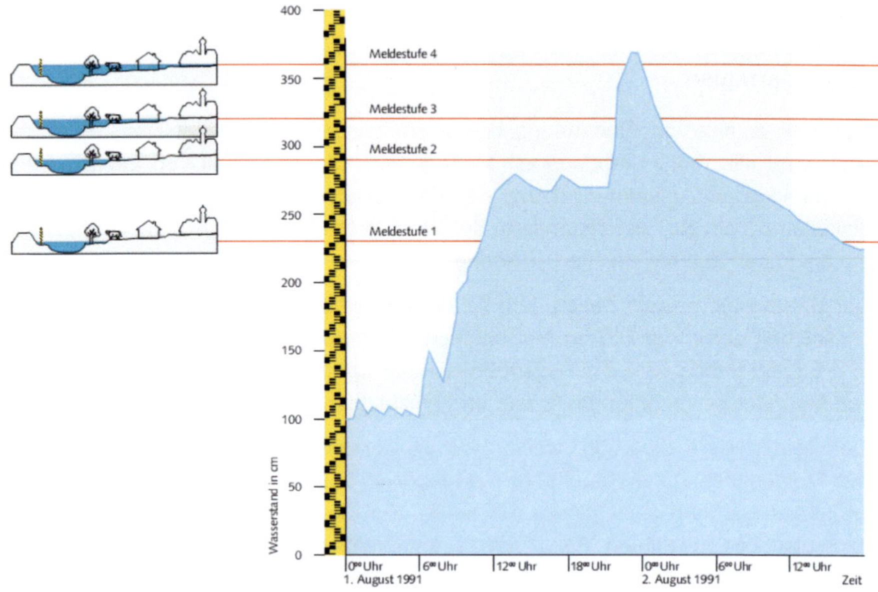

Abbildung 12: Für die Alarmplanung relevante Meldestufen in Abhängigkeit von unterschiedlichen Wasserständen (BLW, 2004)

2.4.2 Einsatzplan

Laut Egli (2004) enthält der Einsatzplan Informationen für die Umsetzung der erforderlichen Maßnahmen. Folgende Informationen sind darin enthalten:

- Maßnahmen zum Hochwasserschutz
- Überwachung und Lagebericht
- Lagerplätze mobiler HWS - Systeme
- Systematik der Beladung
- Hochwasserfreie Zufahrtsstraßen zu den Einsatzorten
- Einsatzkräfteverzeichnis
- erforderliche maschinelle Ausrüstung
- notwendige Hilfsmittel
- Verpflegung der Einsatzkräfte
- Verteiler und Adressenverzeichnisse
- Nachweise über Aktualisierungen oder Fortschreibungen des Einsatzplans

Aufgrund des Gewichts der Systeme oder anderer Einflussfaktoren ist es oft nicht möglich eine Betriebsbereitschaft durch eine Person herzustellen. Aus diesem Grund ist auf eine Mindestzahl an personellen Einsatzkräften sowie Maschinen zu achten. Mögliche Ausfälle wie Urlaub, Krankheit oder technische Gebrechen sind unvermeidbar, können jedoch mit Redundanzen ausgeglichen werden.

2.5 Systemlagerung

Laut Egli (2004) wird in *„Mobiler Hochwasserschutz, Systeme für den Notfall"* zwischen einer Ringnetzlagerung und einem Nabe-Speiche-System unterschieden (siehe Abbildung 13). Beide Systeme besitzen ein Zentrallager von dem aus die Versorgung mit Teilen und Material erfolgt.

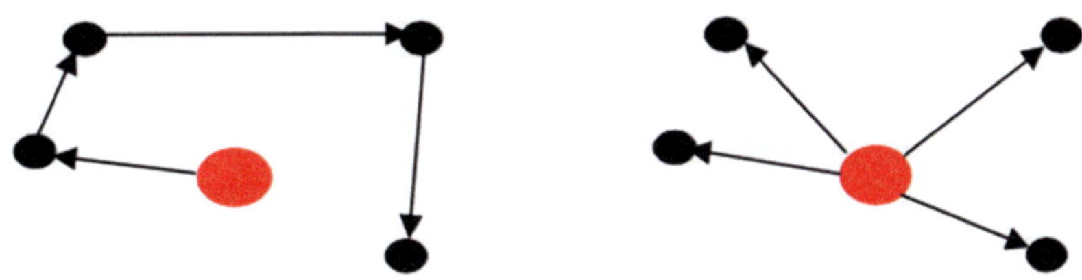

Abbildung 13: Systemlagerungen, links Ringnetzsystem, rechts Nabe-Speiche-System, der rote Punkt markiert ein Zentrallager (Egli, 2004)

Im Falle einer genügend langen Vorwarnzeit, z.B. bei einer Seeuferüberschwemmung, kann ein Ringnetzsystem angewandt werden, da ein Absichern der Gefahrenzonen nacheinander möglich ist.

Sind nur kurze Vorwarnzeiten (siehe 3.4), wie es bei Wildbächen oder Überflutungen im städtischen Bereich der Fall ist, möglich, ist das Nabe-Speiche-System zu bevorzugen. Gefahrenzonen können so zeitgleich gesichert werden, erfordern jedoch einen größere Anzahl von personellen Einsatzkräften und Maschinen.

Weiters hat eine zentrale Lagerung folgende Vorteile:

- mehrere Gemeinden können sich ein Zentrallager teilen, dies wirkt sich günstig auf die Kosten aus
- die Aus- und Weiterbildung beschränkt sich auf eine Spezialeinheit

Durch spezielle Transportsysteme (siehe Abbildung 14) kann die Transport-, Be- und Entladezeit verkürzt werden. Das Technische Hilfswerk (THW) aus Lindau verwendet Rollcontainer, welche unabhängig vom Transport - Lkw mit Sandsäcken oder anderen Systemteilen bestückt werden können. Am Einsatzort wird der gesamte Container abgeladen, um die Wartezeit des Lkws zu verkürzen. Durch dieses System können die maschinellen Ressourcen vermindert werden, was sich wiederum positiv auf die Beschaffungs- und Erhaltungskosten auswirkt.

Abbildung 14: Transportsystem mittels Rollcontainer. Unterschiedliche Ausführungen ermöglichen eine systemspezifische Beladung (www.thw-lindau.de, Zugriff am 21.9.2012)

2.6 Hochwasserschutz

2.6.1 Allgemein

Hochwasserschutz beschreibt die Summe aller Maßnahmen, welche zum Schutz von Mensch, Tier und Sachgütern zum Einsatz kommen. Dies können aktive und passive Schutzmaßnahmen sein.

2.6.2 Aktiver Hochwasserschutz

Als aktiver oder auch technischer Hochwasserschutz werden alle Baulichkeiten bezeichnet, welche für den Hochwasserschutz notwendig sind.

Man versteht darunter (siehe auch Abbildung 15):

- Dämme
- Talsperren
- Hochwasserrückhaltebecken
- Hochwasserschutzmauern
- Objektschutz
- Schutz vor Kanalisationswasser
- Hochwasserschutz durch Polder
- Mobile Hochwasserschutzsysteme

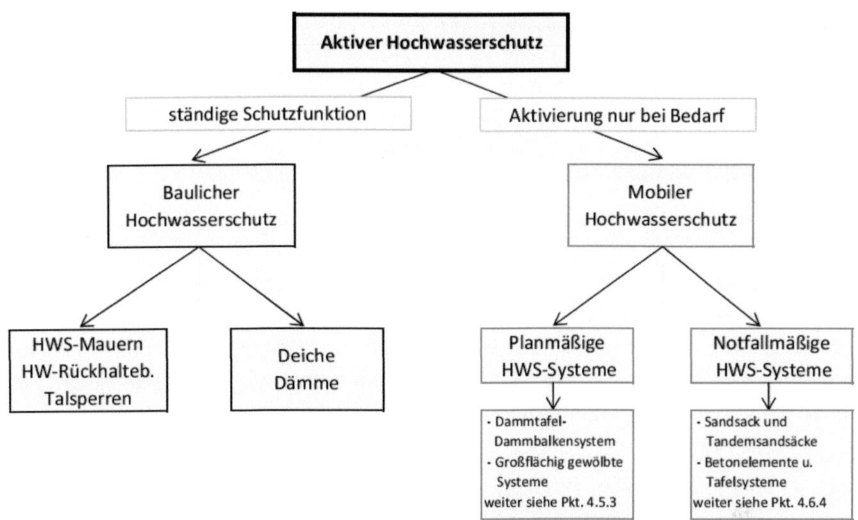

Abbildung 15: Einteilung des aktiven Hochwasserschutzes

2.7 Passiver Hochwasserschutz

Randl et al. (2006) versteht unter passivem Hochwasserschutz die Erhaltung und Aktivierung von Hochwasserabflussgebieten sowie die Vermeidung aller Handlungen welche einen Hochwasserabfluss intensivieren. Die notwendige Hochwassersicherheit im gewässernahen Raum wird ohne aktiv in das Gewässer einzugreifen, durch Anpassung der Nutzungen und Schadenspotenziale erreicht.

Nach Randl et al. (2006) werden folgende Maßnahmen als passiver Hochwasserschutz verstanden:

- Verlegung bestehender Nutzung in nicht gefährdeten Räumen
- Einlösung häufig überfluteter Grundstücke und Objekte
- Anpassung der Bewirtschaftung an die Möglichkeit exzessiver Abflüsse

Als Beispiele fügt Pelikan (2006) hinzu:

- Aufforstungen
- Gehölzbestand an Zubringerbächen
- Pufferzonen durch Hecken und Grünstreifen
- Umwandlung von Acker in Dauergrünland
- Abflussbremsende Bodenbearbeitung (Pflügen quer zum Hang)
- Erhaltung des natürlichen Bodenwasserhaushaltes

3 Mobiler Hochwasserschutz

3.1 Definition

Laut BWK (2005) werden mobile HWS - Systeme wie folgt definiert:

Mobile Hochwasserschutzsysteme umfassen Konstruktionen aus Stahl, Leichtmetall, Holz, Kunststoff oder Gummi, mit denen temporär wasserdichte Konstruktionen hergestellt werden können, durch die sich Bereiche eines Überschwemmungsgebietes vom Hochwasser freihalten lassen. Sie werden nur für die Dauer des Hochwassers aufgestellt. Damit unterscheiden sie sich grundlegend zu konventionellen Hochwasserschutzanlagen, wie Dämme und Mauern, die fest in die Umgebung integriert sind und daher dauerhaft ihre Schutzfunktion erfüllen.

Mobile HWS - Systeme lassen sich weiter untergliedern in *planmäßige* und *notfallmäßige* mobile Hochwasserschutzsysteme. Letztere werden auch *Sandsackersatzsysteme* genannt. Zum planmäßigen mobilen Hochwasserschutz zählen alle Systeme, die nur für den Einsatz an einem bestimmten Ort vorgesehen sind, notfallmäßige Systeme können an beliebigen Orten aufgestellt werden.

3.2 Rechtliche Grundlagen

Planmäßig mobile Hochwasserschutzsysteme unterliegen den gleichen rechtlichen Bedingungen wie der des stationären Hochwasserschutzes. In Österreich sind die rechtlichen Grundlagen für den Hochwasserschutz

- im Wasserrechtsgesetz (WRG 1959)
- im Wasserbautenförderungsgesetz (WBFG 1985)
- in den technischen Richtlinien für die Bundeswasserbauverwaltung (RI-WA-T 2006)
- sowie im Forstgesetz, Raumordnungs- und Baugesetz verankert.

Das Raumordnungs- sowie das Baugesetz werden von den jeweiligen Bundesländern geregelt.

Da der mobile Hochwasserschutz nur einen Teil der Gesamtkonzeption eines Hochwasserschutzsystems darstellt, ist die Genehmigung des mobilen HWS – Systems Gegenstand des Genehmigungsverfahrens für die Gesamtkonzeption. In der Regel ist hierfür ein Planfeststellungsverfahren und eine Umweltverträglichkeitsprüfung gemäß dem UVP – Gesetz erforderlich.

Weiters sind bei der Bemessung und konstruktiven Gestaltung anerkannte Regelwerke, DIN – Normen und Empfehlungen zu berücksichtigen (BWK, 2005).

Die EU – Hochwasserrichtlinie 2007/60/EG über die Bewertung und das Management von Hochwasserrisiken, behandelt das Thema Überflutungen aus Abwasser-
systemen ausdrücklich nicht. (HWRL, 2007)

3.3 Anwendungsbereiche

Mobile Hochwasserschutzelemente lassen sich laut BWK (2005) nach Schutzfunktion und Anwendungsbereich wie folgt unterscheiden:

- Schutz bestehender Gebäudekomplexe
- Einzelobjektschutz
- Schutz unbebauter Flächen

3.3.1 Schutz bestehender Gebäudekomplexe

Recherchen einer Studie des Bundesministeriums für Land- und Forstwirtschaft,
Umwelt und Wasserwirtschaft (2000) ergaben, dass sich der Einsatz mobiler Hoch-
wasserschutzelemente in Österreich und Deutschland überwiegend auf städtische
Siedlungsgebiete mit hoher Bebauungsdichte beschränkt. Solche Maßnahmen
können lokal begrenzt oder als Ergänzung bestehender baulicher Anlagen wie zum
Beispiel die Sicherung von Durchlässen für Wege, getroffen werden. Die Finanzie-
rung für kommunale Hochwasserschutzprojekte erfolgt dabei aus öffentlicher Hand.
Im Gegensatz dazu wird der Objektschutz für Einzelgebäude wie zum Beispiel
Dammbalkensysteme zur Verschließung von Gebäudeöffnungen, meist privat
finanziert. Aufgrund von beengten Platzverhältnissen werden ufernahe Altstadt-
sowie gefährdete Siedlungsgebiete durch den Einsatz mobiler Elemente nachträglich
vor Hochwasserereignissen geschützt.

3.3.2 Einzelobjektschutz

Unter Einzelobjekte versteht man Gebäude, welche nicht innerhalb eines geschlossenen Siedlungsverbands situiert sind.

3.3.3 Schutz unbebauter Flächen

Aufgrund von präventiven Hochwasserschutzmaßnahmen, wie Hochwasserrückhaltebecken oder Flussbegradigungen, neigt die Raumplanung in den letzten Jahren
dazu, die dadurch gewonnenen Flächen stärker zu besiedeln.

Da Schutzbauten, feste ebenso wie mobile, aus Kosten- und Ortsbildgründen nur bis
zu einem bestimmten Ausbaugrad bemessen werden, zieht die Realisierung dieser
Nutzungsoptionen in hochwassergefährdeten Gebieten zwangsläufig ein erhöhtes

Schadenspotenzial nach sich, d. h. wird das Bemessungshochwasser überschritten, fallen die Hochwasserschäden umso gravierender aus (BMLFUW, 2000). Dem Hochwasser fehlen funktionsfähige Retentionsvolumina.

Laut dem BMLUFW (2000) ist in folgenden Fällen der Einsatz von mobilen Hochwasserschutzmaßnahmen aus Sicht der Raumordnung zu befürworten:

- Lückenschließung zwischen bereits bebauten Gebieten
- Sicherung von Gewerbegebieten, falls keine anderen Standorte vom Infrastrukturanschluss wie z.B. Anbindung an Wasserwege her möglich sind, allerdings unter Kostenbeteiligung des Projektbetreibers
- Sicherung von zukünftigen Verkehrsflächen in jenen Fällen, wo aufgrund der Topografie keine andere Trassenführung möglich erscheint.

3.4 Vorwarnzeit - Bereitstellungszeit

Im folgenden Kapitel wird in Anlehnung an das BWK (2005) die Vorwarn- und Bereitstellungszeit beschrieben.

Im Hochwasserfall ist aufgrund der sich schnell bildenden Hochwasserwelle, eine rasche Bereitstellung von geeigneten Hochwasserschutzsystemen wichtig. Eine angepasste Alarm- und Einsatzplanung verringert das Risiko, dass Mensch und Gut zu Schaden kommen.

Nachfolgende Gleichung beschreibt den Zusammenhang zwischen Vorwarn- und Breitstellungszeit:

$$t_{Vorwarn} > t_{Bereit} \qquad \textbf{\textit{Formel 3}}$$

$$t_{Bereit} = \left(t_{Alarmierung} + t_{Beladung} + t_{Transport} + t_{Sicherung} + t_{Aufbau}\right) * c_{Sicherheit}$$

$$\textbf{\textit{Formel 4}}$$

Die **Vorwarnzeit** $t_{Vorwarn}$ ist durch die Zeitspanne zwischen dem Erkennen des Hochwassers, bis zum Eintreffen der Hochwasserwelle am Einsatzort definiert.

Die Vorwarnzeit ist von folgenden Faktoren abhängig:

- der Größe und den hydrologische Eigenheiten des Einzugsgebietes
- dem Ausmaß der hochwasserproduzierenden Niederschlagsereignisse sowie
- Effektivität des Warn- und Meldesystems

Die **Bereitstellungszeit** t_{Bereit} ist jene Dauer, welche für die Bereitstellung und Aktivierung des mobilen Hochwasserschutzsystems erforderlich ist.

Sie ist von folgenden Faktoren abhängig:

- Art des mobilen Schutzsystems (Beeinflussung Verlade-, Transport- und Aufbauzeit)
- Länge und Höhe der mobilen Schutzanlagen (Beeinflussung der Verlade-, Transport- und Aufbauzeit)
- Entfernung zwischen der Lagerstätte der mobilen Systemteile und dem Einsatzort (Beeinflussung der Transportzeit)
- Zugänglichkeit des Einsatzortes (Beeinflussung der Transport-, Entlade-, Aufbau-, und Sicherungszeit)
- Verfügbarkeit an Einsatzkräfte und Maschinen (Beeinflussung aller zeitlichen Komponenten)

Eine Überschneidung der einzelnen Zeitspannen ist möglich, da die Abläufe nicht zwangsläufig nacheinander erfolgen müssen. Bei entsprechender Planung können Arbeitsschritte, welche voneinander unabhängig sind, auch parallel erfolgen. Dies hängt zum einen eine von der Koordination der Einsatzplanung und den personellen Kapazitäten ab und zum anderen von den Anforderungen (personeller und logistischer Aufwand) des Systems.

Ist zum Beispiel ein Einsatztrupp mit dem Entladen des Systems beschäftigt, kann ein anderer die Reinigung am Aufbaustandort durchführen.

In jedem Fall muss die Breitstellungszeit geringer sein als wie die Vorwarnzeit.

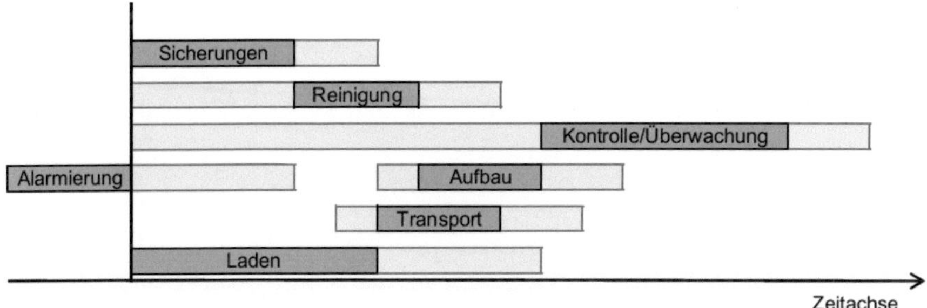

Abbildung 16: Schematische Darstellung der Arbeitsschritte bei mobilen HWS - Systemen (hier dargestellt für ein Dammbalkensystem) (BWK, 2005)

Wie aus Abbildung 16 ersichtlich, ist ein mögliches Überschneiden der einzelnen Arbeitsschritte und somit ein paralleles Arbeiten (z.B.: Reinigen, Laden, Transport, Aufbau) möglich. Durch den Einsatz mehrerer Transportfahrzeuge ist ein schnellerer Antransport, vorausgesetzt die örtlichen Gegebenheiten lassen dies zu, machbar.

Die Breitstellungszeit setzt sich aus folgenden Zeitspannen zusammen:

- Alarmierungszeit $t_{Alarmierung}$

Als Alarmierungszeit wird die Zeitspanne zwischen Ausgang einer Alarmmeldung und der Einsatzbereitschaft des Personals beschrieben. Die Alarmierung kann unter Zuhilfenahme verschiedenster Kommunikationsmedien wie z.B.: Handy, SMS, Telefon, E-mail oder Funk erfolgen. Während die Einsatzkräfte alarmiert werden, ist ein Alarmplan auszuarbeiten der jeder Person die Zuständigkeit und Einsatzorte (Lagerplatz, Verladung, Aufbauort) eindeutig zuweist. Wird nach einer vorgegebenen Zeit keine Rückmeldung der verständigten Person empfangen, muss eine Ersatzperson alarmiert werden.

Durch eine computerunterstützte Alarmierung und Kontrolle der Rückmeldungen kann eine raschere Koordination der Einsatzkräfte erfolgen.

- Beladungszeit $t_{Beladung}$

Die für die Beladung erforderliche Zeit ist abzuschätzen und je nach System bei der Erstellung des Lade- und Einsatzplans zu kalkulieren. Gegebenenfalls ist die kalkulierte Zeit mittels Übungseinsätzen zu aktualisieren. Eine Verkürzung der Ladezeit ist durch Erhöhung der Zahl der Einsatzkräfte, falls sich ihre Arbeitsräume nicht stören, möglich. Ebenso kann durch ein systematisches Lagern der Systemteile in Containern die Beladezeit verringern, da der gesamte Container verladen werden kann. Ein geeignetes Hebezeug ist dafür Voraussetzung.

- Transportzeit $t_{Transport}$

Die Transportzeit ist von der Länge der Strecke zwischen Lagerort und Einsatzort abhängig und soll so gering wie möglich gehalten werden. Werden die Systemteile in der Nähe oder am Einsatzort gelagert, kann die Transportzeit reduziert werden oder ganz wegfallen.

- Sicherungszeit $t_{Sicherung}$

Die Sicherungszeit ist jene Zeitspanne, welche für den vorlaufenden Schutz- und den Sicherungsmaßnahmen nötig sind. Beispielsweise zählen hierzu das Freihalten und Freiräumen der Arbeitsfläche, die Errichtung von Verkehrssperren und –umleitungen und das Sichern der Zufahrt für die Anlieferung des Systems.

Zusätzlich muss zur kalkulierten und für jedes System planmäßigen Sicherungszeit auch Zeit für unvorhergesehene Arbeiten wie z. B. das Entfernen von Fahrzeugen, eingeplant werden.

- Aufbauzeit t_{Aufbau}

Die Aufbauzeit beschreibt die erforderliche Zeitdauer für das Abladen beim Einsatzort, den dazugehörigen Transport zur Einsatzstelle sowie die Zeit für den Ein- bzw. Aufbau des Systems. Um diesen Arbeitsschritt optimiert ausführen zu können, ist ein gut strukturierter Einsatzplan und geschultes Personal nötig. Arbeitsabläufe und Handgriffe müssen geläufig sein und in regelmäßigen Abständen geübt werden.

- Sicherheitsfaktor $c_{Sicherheit}$

Der Sicherheitsfaktor beinhaltet unvorhergesehene Ereignisse wie z.B. Behinderung durch versperrende Objekte am Einsatzort oder Personalausfall und erhöht somit die Bereitstellungszeit. Ein angemessener Wert ist je nach Umgebung und Risiko anzusetzen.

Die in Abbildung 17 dargestellten Grafiken zeigen die Aufbauzeiten von mobilen HWS – Systemen im Lückenschluss und als Linienschutz. Als Lückenschluss wird der Punktuelle Einsatz von HWS - Systemen bei Einfahrten, Eingängen, Dammbrüchen usw. bezeichnet. Unter Linienschutz versteht man das linienhafte Aufbauen von Systemen wie zum Beispiel entlang von Flussufern oder Bächen.

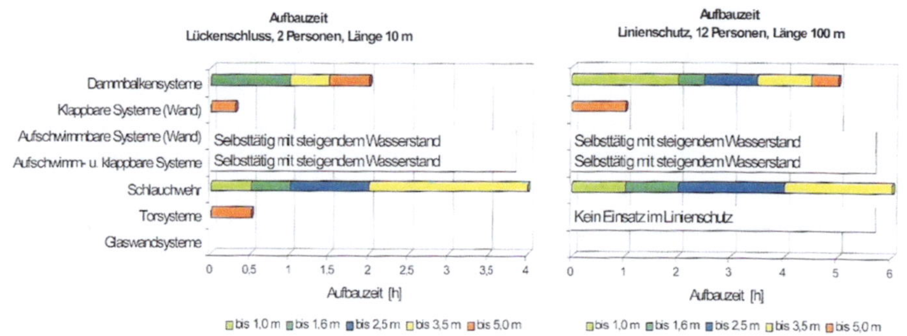

Abbildung 17: Aufbauzeiten von mobilen HWS - Systemen im Lückenschluss (links) und Linienschutz (rechts). Die Ordinate beschreibt das System, die Abszisse die Aufbauzeit, unten sind die Systemhöhen farblich dargestellt (BWK, 2005)

3.5 Lastannahmen

Um beim Einsatz mobiler HWS - Systeme eine ausreichend große Standsicherheit zu erreichen, ist in Anlehnung an Egli (2004) auf nachfolgende unterschiedliche Belastungsannahmen Rücksicht zu nehmen:

- **Hydrostatische Einwirkung**

  Die hydrostatische Beanspruchung er-rechnet sich wie folgt:

  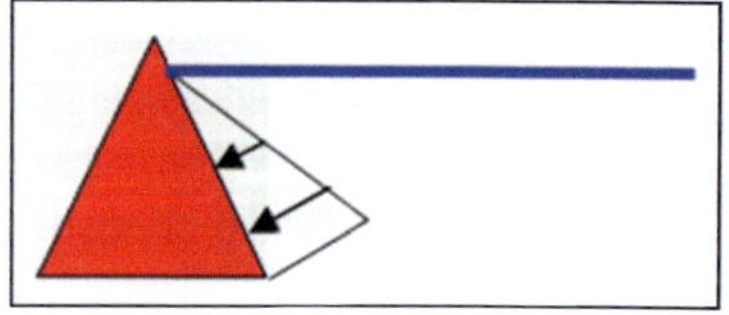

  $$P_S = H * \rho * g \; \left[\frac{KN}{m^2}\right]$$

  wobei H für den Höhenunterschied zwischen Systemunterkante und Wasseroberfläche, ρ für die Dichte und g für die Gravitationskonstante stehen.

  Folgende Werte sind für ρ einzusetzen:

  - bei Seen: 1,0 t/m³

  - bei hochwasserführenden Flüssen: 1,1 t/m³

  - bei hochwasserführenden Wildbächen: 1,3 t/m³

- ## Freibord

  Als Freibord wird der Abstand zwischen Wasserspiegeloberkante und Systemoberkante bezeichnet. Dieser sollte grundsätzliche eine Höhe von 0,2 m nicht unterschreiten. Ist mit Wellenschlag und Kurvenüberhöhung zu rechnen, ist der Freibord auf 0,5 m zu erhöhen (BWK, 2005).

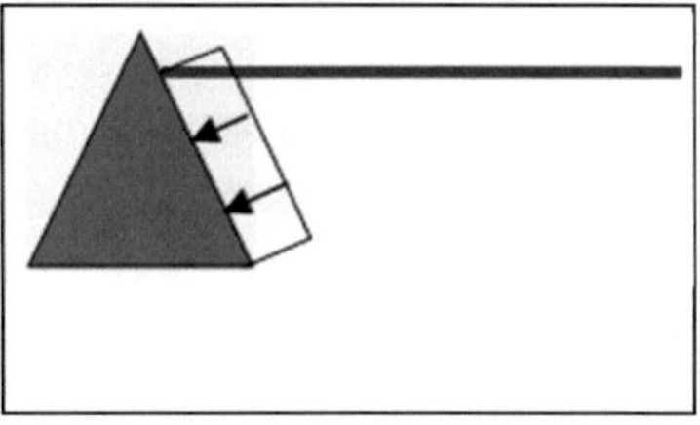

- ## Wellendruck

  Falls Einsatzgebiete in der Nähe von Seen vorhanden sind, sind mobile HWS - Systeme zusätzlich auf einen Wellendruck von 20 KN/m auf halber Höhe der maximalen Wassertiefe auszulegen.

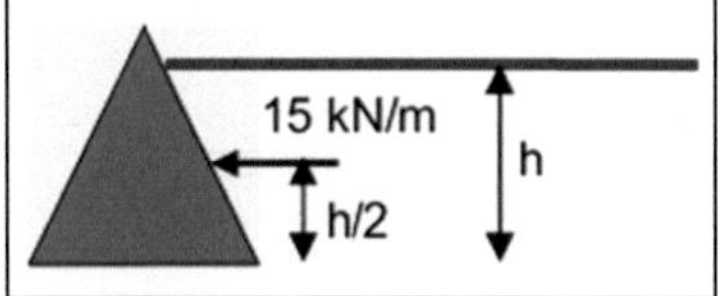

- ## Hydrodynamische Einwirkung

  Infolge hydrodynamischer Belastung ergibt sich folgender Druck:

  $$P_d = \rho * (v * sin\alpha)^2$$

  Alpha beschreibt den Anströmwinkel zum System.

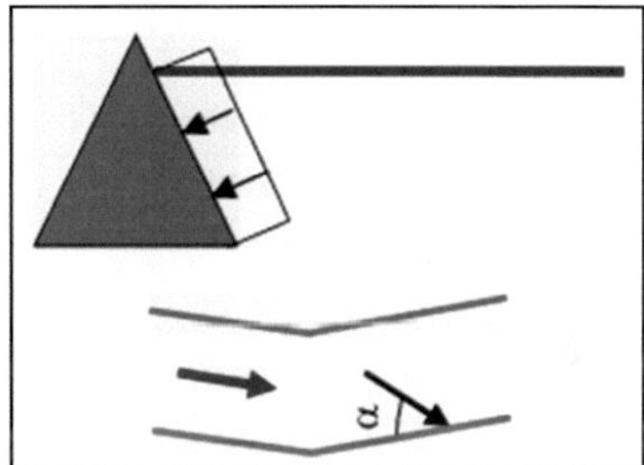

- ## Anprall von Treibgut/Treibholz

  Sedimente, wie z.B.: Steine, Geröll und Sand, üben aufgrund ihrer Masse und Geschiebegeschwindigkeit eine Belastung auf das System aus.

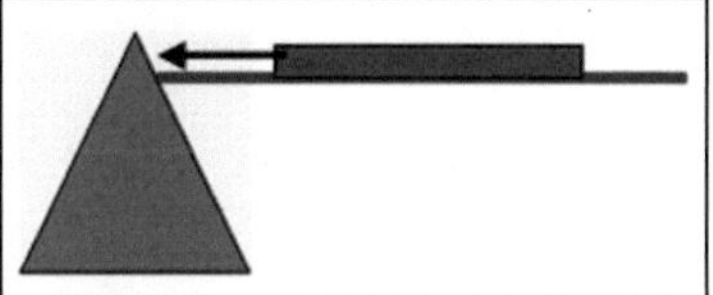

- **Anprall infolge Geschiebetrieb**

  Bei dieser Art von Belastung ist eine horizontale Kraft von 3 KN mit einem Abstand von 0,4 m zur Geländeoberfläche, zu berücksichtigen. Dies entspricht einem Baumstamm mit 1 t Masse.

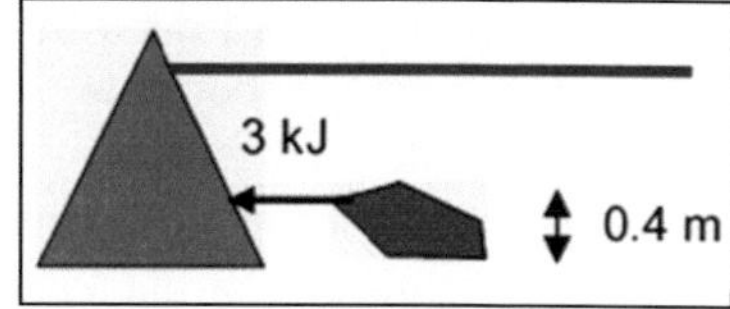

- **Windlast**

  Windlasten müssen bei nicht eingestauten Systemen (z.B. Schlauchsystemen) berücksichtig werden. Überschlagsmäßig kann eine Windlast von 1,1 KN/m² angenommen werden.

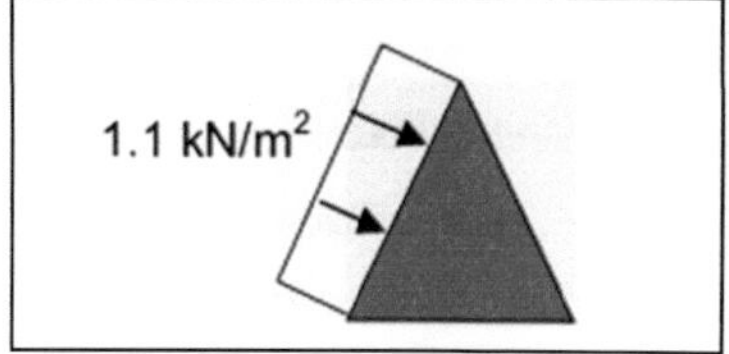

- **Personenlast**

  Um Schaulustige und Wartungspersonal zu berücksichtigen, ist eine horizontale Belastung von +- 0,5 KN an der Oberkante des Systems anzusetzen.

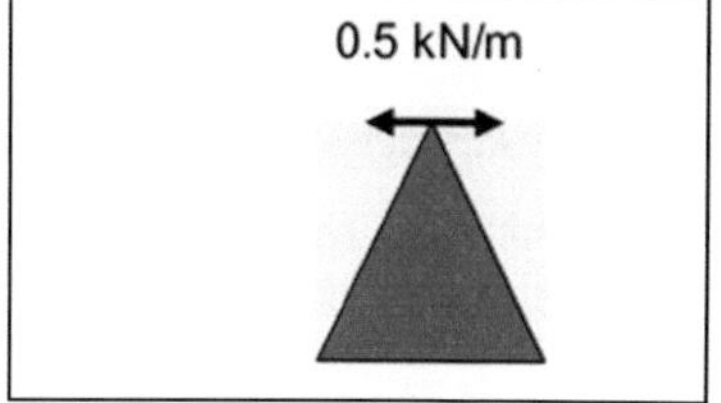

3.6 Versagen

3.6.1 Schadensbilder

Systemversagen tritt dann auf, wenn das System durch Überbelastung, unfachgerechtem Aufbau, keine oder nur ungenügende Sicherungsmaßnahmen nicht ordnungsgemäß in Betrieb genommen wird.

Folgende Versagensarten werden nach Egli (2004) unterschieden:

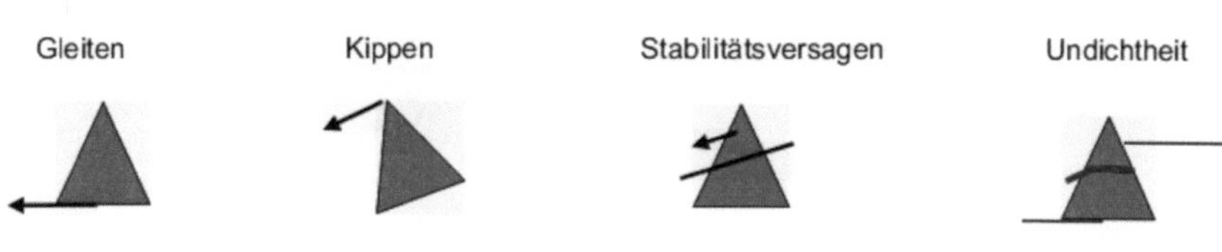

Abbildung 18: Versagensarten: Gleiten, Kippen, Stabilitätsversagen, Undichtheiten (Egli, 2004)

- Gleiten

  Tritt bei glatten Oberflächen aufgrund zu geringer Sicherung auf. Abhilfe kann eine zusätzliche Sicherung durch Bodenanker schaffen.

- Kippen

  Diese Art von Systemversagen kann bei geneigter Aufstandsfläche und dynamischen Beanspruchungen wie z.B. Wellenschlag auftreten.

- Stabilitätsversagen

  Stabilitätsversagen tritt durch einen inkorrekten Aufbau des Systems auf. Beispielsweise bei mehrteiligen Schlauchsystemen bei denen die Gurte nicht festgezurrt sind.

Des Weiteren können noch folgende Schadensbilder angeführt werden:

- Undichtheit

  Besonders im Bereich der Aufstandsfläche (Gummidichtung an der Unterseite) kann es aufgrund von Unebenheiten des Geländes zu Undichtheiten kommen. Ebenso sind zwischen einzelner wasserseitiger Elemente wasserdurchlässige Stellen möglich.

- Überströmung

  Überströmen tritt ein, wenn der Wasserspiegel über die Oberkante des Systems steigt. Schlauchsysteme, zum Beispiel, verlieren aufgrund der vertikalen Belastung an Schutzhöhe und sacken ein. Ein Systemversagen durch Gleiten oder Kippen ist auch in diesem Belastungszustand zu vermeiden.

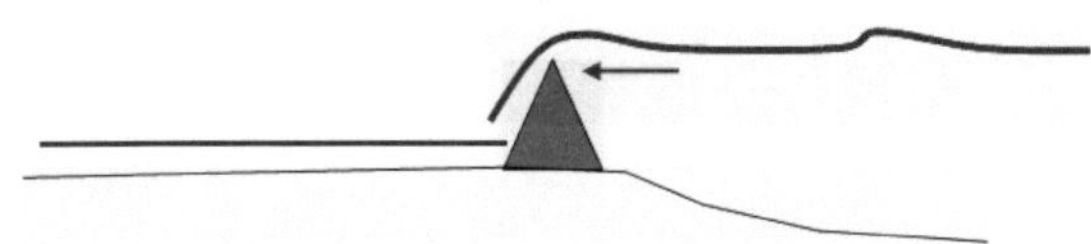

Abbildung 19: Versagensart: Überströmen (Egli, 2004)

• Rückstau/Grundwasser

Besonders bei ufernahem Hochwasserschutz ist das Szenario des Grundwasseranstieges zu berücksichtigen. Ein Einstau im Kanalnetz ist aufgrund des angehobenen Wasserspiegels möglich (siehe 4.1).

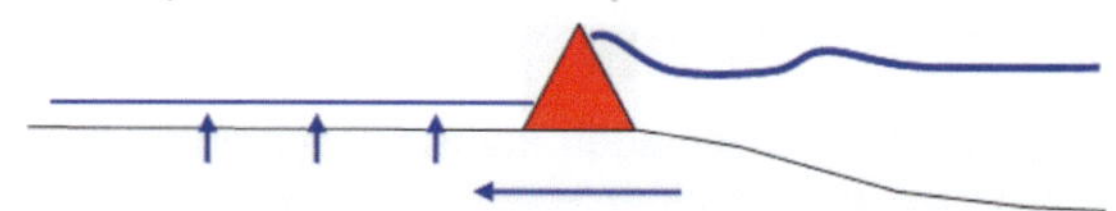

Abbildung 20: Versagensart: Rückstau/Grundwasser (Egli, 2004)

Da nicht alle Risiken ausgeschlossen werden können, verbleibt durch ein falsch angewandtes System oder einer falsch angewandten Maßnahme ein gewisses Restrisiko welches akzeptiert werden muss.

Laut Egli (2004) erweisen sich mobile Maßnahmen in städtischen Gebieten aus Gründen des Vandalismus als ungeeignet. Um über die Vulnerabilität eine Aussage machen zu können, sind in

Tabelle 1, Systeme mit unterschiedlichen Gefährdungsszenarien gegenübergestellt.

Gefährdungsszenarien:

	Einwirkungen				System			Sicherheit		Logistik		
	Treibgutanprall	Schiffsanprall	Fahrzeuganprall	Überströmen	Geschiebe/Verlegung	Korrosion/Alterung	Technischer Ausfall	Sabotage	Diebstahl	Lagerung/Wartung	Aufbau/Abbau	Transport
Dammbalkensysteme	rot	rot	rot	orange	grün	rot	grün	orange	orange	rot	rot	orange
Dammtafelsysteme	orange	rot	rot	orange	grün	orange	grün	orange	orange	rot	rot	orange
Klappbare Systeme	orange	rot	orange	orange	grün	orange	(leer)	orange	grün	orange	(leer)	grün
Aufschwimmb. Systeme	rot	rot	orange	orange	rot	orange	grün	rot	orange	grün	rot	grün
Aufschwimmb. /klappb.S	rot	rot	orange	orange	orange	orange	grün	rot	grün	grün	rot	grün
Schlauchwehrsysteme	rot	rot	grün	grün	rot	orange	grün	rot	grün	grün	orange	grün
Torsysteme	orange	orange	orange	orange	orange	orange	grün	rot	(leer)	grün	orange	grün
Glaswandsysteme	rot	rot	rot	orange	grün	orange	grün	rot	grün	grün	grün	grün

Tabelle 1: Vulnerabilitätsmatrix - Vergleich einzelner Systeme mit unterschiedlichen Gefährdungsszenarien. Eine rote Markierung bedeutet besondere Vulnerabilität, Orange bedeutet eine relevante und Grün steht für keine oder geringe Vulnerabilität gegenüber dem Gefährdungsszenario (BWK, 2005)

3.7 Planmäßige mobile HWS - Systeme

3.7.1 Einsatzbereiche

Wie bereits in 2.6.2 erwähnt, sind planmäßige mobile HWS - Systeme Bestandteil des aktiven Hochwasserschutz und umfassen neben oberirdischen Schutzeinrichtungen auch unterirdische Maßnahmen wie beispielsweise eine Untergrundabdichtung.

Planmäßige mobile HWS - Systeme lassen sich wie folgt einsetzen BWK (2005):

- Punktförmig zum Schutz von Gebäuden (Tore, Eingangsbereiche, Öffnungen, Garageneinfahrten, etc.) und zum Schließen von See- und Maueröffnungen
- Linienförmig auf der Geländeoberkante
- Linienförmig als Aufsatz auf ein bestehendes stationäres HWS - System

Der Einsatz planmäßiger mobiler HWS - Systeme ist im Einzelfall zu begründen und das Risiko bei Versagen abzuschätzen. Manuelle oder automatische Systeme können bei unvollständiger Aktivierung ihre Schutzfunktion nicht wie gewünscht gewährleisten und ein System- oder Reihenversagen verursachen.

3.7.2 Auslegung und Freibord

Die Systemhöhe eines mobilen HWS – Systems ergibt sich aus dem gewählten Schutzziel sowie aus dem Bemessungshochwasserstand. Um einen entsprechenden Sicherheitsgrad zu erreichen, ist aufgrund der Beanspruchung von Objekten wie Eis, Treibzeug oder Wellen infolge Strömung, ein Freibord dessen Höhe gemäß DVWK (1997) oder DIN 19712 (2011) festgelegt ist, mit einzuberechnen.

Abbildung 21 zeigt unterschiedliche HWS - Systeme mit ihren dazugehörigen Konstruktionshöhen.

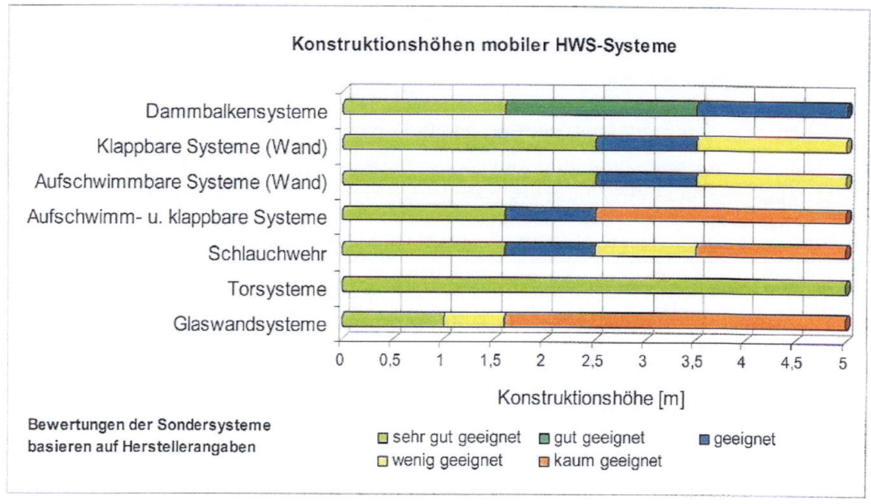

Abbildung 21: Systemabhängige Konstruktionshöhen verschiedener HWS - Systeme
(BWK, 2005)

3.7.3 Systeme

3.7.3.1 Dammbalken- und Dammtafelsysteme

Dammbalken- und Dammtafelsysteme bilden seit mehreren Jahren ein praxiserprobtes System im planmäßigen Hochwasserschutz. Beide Systeme sind vom Konstruktionsprinzip gleich. Art und Aufbau der Abstützungen sind identisch, lediglich der Aufbau ihrer mobilen Wandelemente ist unterschiedlich.

Bei Dammbalkensystemen wird eine Hochwasserschutzwand mittels übereinander gesetzten Balken gebildet. Im Gegensatz dazu, werden bei Dammtafelsystemen flächenhafte Objekte statt einzelner Balken verwendet. Flächenhafte Objekte können Tafeln bzw. Platten sein, welche die volle Wandhöhe besitzen. Die Dammbalken bzw. Dammtafeln werden zwischen festen oder mobilen Mittel- und Eckstützen eingesetzt, die Verbindung mit dem Untergrund wird mittels Ankerplatten hergestellt. Um an den Endseiten eine genügend große Dichtheit zu gewährleisten, werden diese durch ein Wandanschlussprofil abgeschlossen. Vertikale und horizontale Gummidichtungen zwischen den Fugen verhindern ein Durchdringen von Wasser zwischen den Elementen. (BWK, 2005)

Hauptkonstruktionselemente:

- *Stützen:* Mittel- und Eckstützen, sowie Wandanschlussprofil, wobei die Mittelstütze teilend oder nicht teilend sein kann (siehe Abbildung 22)

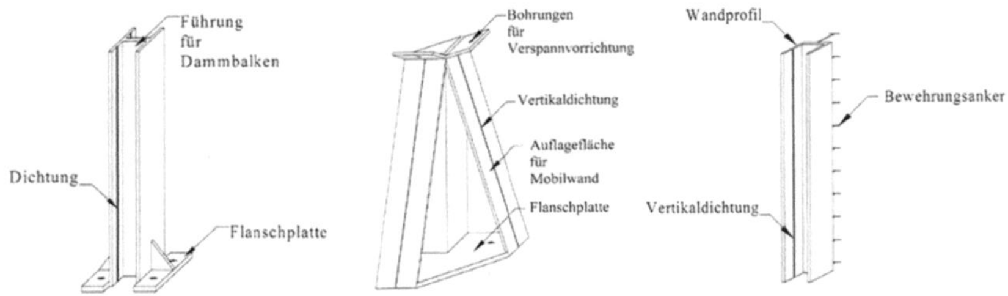

Abbildung 22: Mittelstütze (links), Eckstütze (mitte), Wandanschlussprofil (rechts)
(BWK, 2005)

- **Wandelemente:** Dammbalken bzw. Dammtafeln oder Dammplatten aus Hohlprofilen

- **Fixierungsvorrichtungen:** Um ein Aufschwimmen der mobilen Wand zu verhindern, wird diese mit Vorspanneinrichtungen fixiert, damit eine ausreichende Bodenpressung aufgebaut werden kann

  Folgende Einsatzarten sind möglich:

  - o Einzelverschraubungs- oder Einzelverspannungsvorrichtungen bei einzelnen Dammbalken oder Dammtafeln

  - o Verschraubungs- oder Verspannungsvorrichtungen für mehrere Balken bzw. Tafeln

  - o Grobgewindestäbe an Stützen, oder falls notwendig, in Feldmitte eines Wandelementbereiches

- **Verbindung mit dem Untergrund:** Eine kraftschlüssige Verbindungen zwischen Stütze und Untergrund wird durch eine direkte, vertikale Verankerungen am Stützenfuß hergestellt (siehe Abbildung 23). Ab einer Höhe von 1,5 m werden, um die horizontalen Lasten sicher abtragen zu können, zusätzlich Rückabstützungen verwendet. Jene Elemente die mit dem Erdreich oder dem Fundament in Berührung kommen, werden aufgrund des Korrosionsschutzes aus Stahl bzw. Edelstahl hergestellt.

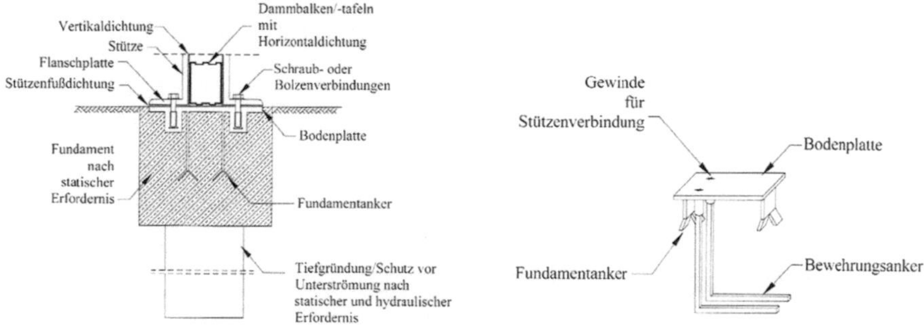

Abbildung 23: Detail einer Bodenverankerung (links),
Ankerplatte mit unterschiedlichen Bewehrungsankern (rechts) (BWK, 2005)

- ***Dichtungen:*** Unterhalb des Stützenfußes, vertikal an der Stütze sowie horizontal zwischen den Dammbalken werden bei Balken- und Tafelsysteme Gummidichtungen aus Elastomere, Chloroprene, Kautschuk oder Hartgummi verwendet. Mögliche Anordnungen von Dichtungen bei Dammbalken- und Dammtafelsystemen, werden in Abbildung 24 dargestellt.

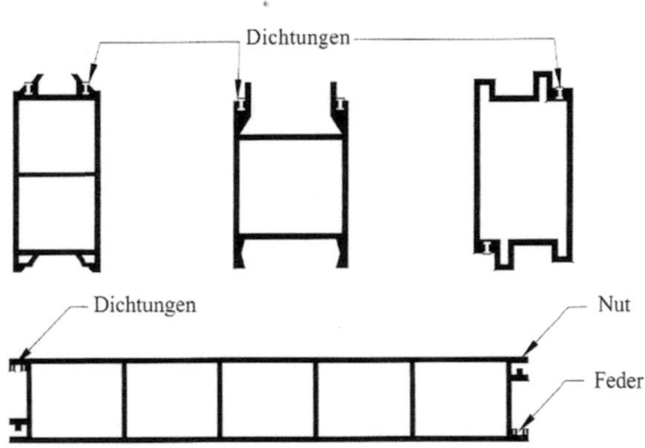

Abbildung 24: Querschnitt inklusive Dichtungen eines Dammbalkensystems (oben),
Querschnitt inklusive Dichtungen eines Dammtafelsystems (unten) (BWK, 2005)

Für die Abdichtung gegen den Untergrund stehen zwei Möglichkeiten zur Verfügung:

- o Einsatz einer dickeren Gummidichtung an der Unterseite des untersten Balkens. Dadurch kann sich der Balken an Unebenheiten des Geländes anpassen

- o Einsatz einer im Boden eingelassenen, stationären Bodenschiene

Als Konstruktionsmaterial für Balken, Tafeln und Stützen werden Stahl, Edelstahl oder Aluminium verwendet. Letzteres wird aufgrund des geringeren Gewichts bevorzugt herangezogen.

In den Abbildung 25 – 28 werden unterschiedliche Systemskizzen von Dammbalkensystemen dargestellt. Abbildung 28 und 30 zeigen diese in eingebautem Zustand.

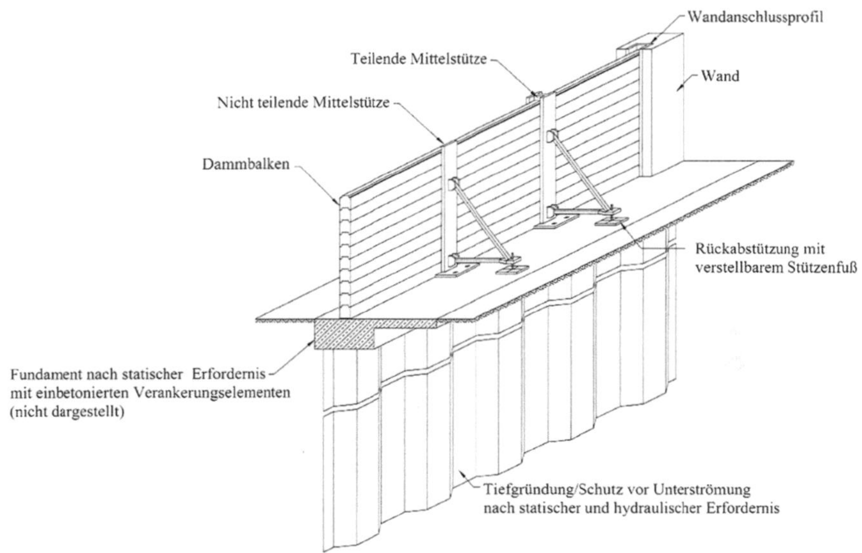

Abbildung 25: Dammbalkensystem mit Rückabstützung (BWK, 2005)

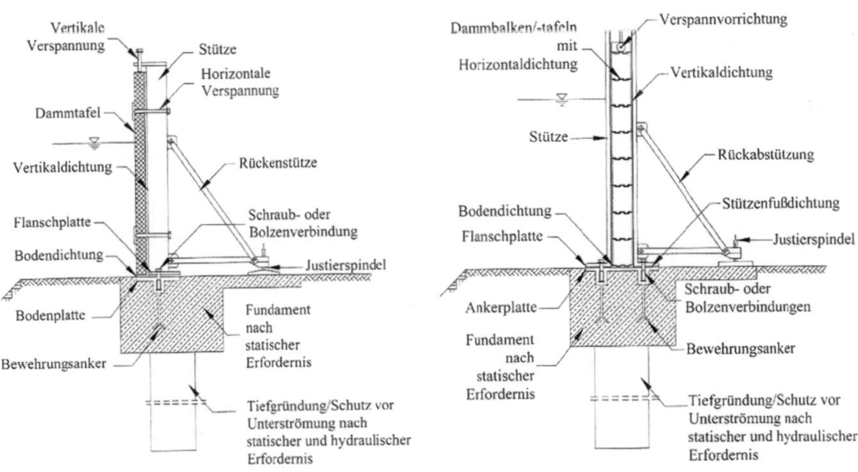

Abbildung 26: Dammbalkensystem, senkrechte Ausführung (BWK, 2005)

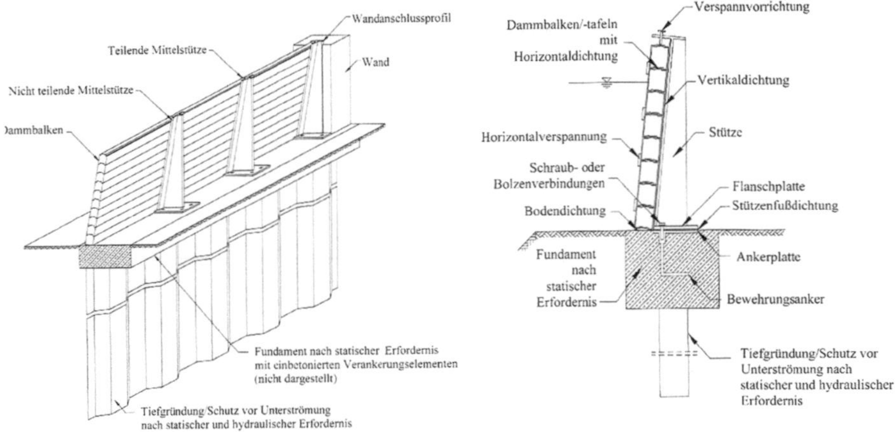

Abbildung 27: Dammbalkensystem, schräge Ausführung (BWK, 2005)

Abbildung 28: Dammbalkensystem im Linienschutz (links) und Lückenschluss (rechts)
(www-will-metallbau.de, www.fair-news.de, Zugriff am 20.9.2012)

*Abbildung 29: Dammbalkensystem bei Stiegenabgang (links) und als Schutz für eine Garagen-
öffnung (rechts) (www.hochwasserschutz.de, Zugriff am 20.9.2012)*

Beschreibung des Funktionsprinzips von DPS 2000 der Firma Alukönigstahl (2012)

Zur Vorbereitung der Systemmontage werden Edelstahl - Ankerplatten in das Fundament einbetoniert. Die Ankerplatten für die seitlichen Wandanschlussprofile werden an Wänden oder anderen Stützelementen montiert.

Im Einsatzfall werden die Stütze in den Ankerplatten verschraubt und anschließend die Aluminium - Dammbalken eingelegt. Somit kann der Aufbau zeitgleich an mehreren Stellen begonnen werden. Die Schutzfunktion ist ab dem Einlegen der ersten Balken gegeben, sodass der Aufbau bis zur kompletten Höhe auch während des steigenden Wasserpegels möglich ist.

Vertikalspanner erzeugen einen anfänglichen Druck auf die Dammbalken, um das Aufschwimmen der Dammbalken zu verhindern. Zum Einlegen weiterer Dammbalken werden die Vertikalspanner kurzfristig entfernt. Mit dem Druckaufbau durch steigenden Pegelstand werden die Dammbalken an die landseitige Dichtung der Stütze gedrückt und füllen sich mit Wasser. Dies erhöht die Gesamtstabilität des Systems.

3.7.3.2 Großflächig gewölbte Systeme

Dieses Hochwasserschutzsystem besteht im Wesentlichen aus verzinkten Stützen, Stützensicherungen, Wandmodulen, Staublechen und Einschubmodulen.

Nach einem patentierten Verfahren werden die Stützen mittels Verbindungsstücken und Bodenhülsen kraft- und formschlüssig am Untergrund montiert. Um eine ausreichende Sicherheit gewährleisten zu können, werden ab einer Stauhöhe von 70 cm an der Rückseite Stützen zur Stabilitätserhöhung eingehängt. Ein eigenes Wandmodul dient zur seitlichen Befestigung und Abdichtung. Das System kann eine Höhe von bis zu 1,30 m erreichen, dazu werden die Staubleche zwischen den Stützen bzw. Wandmodulen eingehängt und mittels Einschubmodul formschlüssig fixiert. Die Breite der Staubleche ist variabel und kann je nach örtlichen Gegebenheiten angepasst werden. Dichtelemente werden an den Stoßstellen der Module und an den Aufstandsflächen verwendet. (www.baulinks.de, 2012)

Eine Systemskizze ist in Abbildung 30 ersichtlich.

Aufgrund der landseitig gewölbten Form des Staubleches wird dieses nur auf Zug beansprucht und ist somit unempfindlich gegen Anprall von Treibgut oder Wellenschlag.

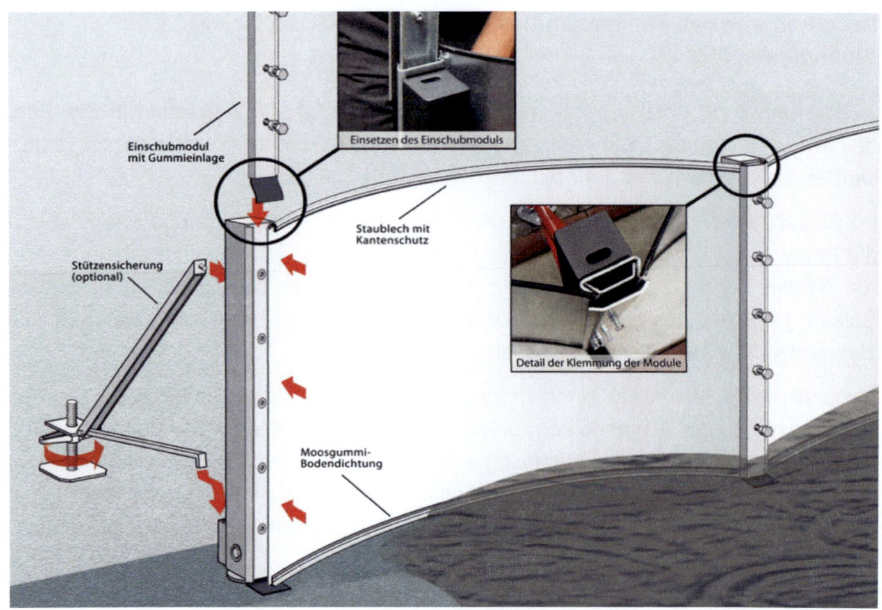

Abbildung 30: Systemskizze eines großflächig gewölbten Schutzsystems
(www.baulinks.de, Zugriff am 5.6.2012)

3.7.3.3 Torsysteme

Als Torsysteme werden Absperrvorrichtungen bezeichnet, welche ein- oder mehrteilig in Öffnungen von Wänden oder Straßendämmen montiert werden.

Große Schutztore werden aufgrund der hohen Belastung aus verzinktem Stahl oder Edelstahl hergestellt. Bei kleinen Toren wird Aluminium als Tragkonstruktion verwendet. Das Torblatt besteht aus einer doppelwandigen Blechkonstruktion und dient als flächige Abdichtung. Aussteifungselemente sowie die Blechstärke des Torblattes werden entsprechend dem Wasserdruck bemessen. In den Randbereichen werden Gummidichtungen aus Kunststoff oder aus Gummimischungen eingesetzt.

Folgende Bauweisen sind laut BWK (2005) bekannt:

- Schutztore aus Dammbalken, Dammtafeln oder Dammplatten
- klappbare Schutztore
- aufschwimmbare Schutztore

Je nach Funktionsweise kann zwischen verschiedenen Tortypen unterschieden werden:

Schiebetore

Die Torelemente werden auf verankerten Boden- oder Wandschienen zur Verschlussöffnung gerollt und anschließend fixiert (siehe Abbildung 31). Die aus dem Wasserdruck resultierende Kraft wird über die Schienen in das Fundament bzw. die Wand abgeleitet.

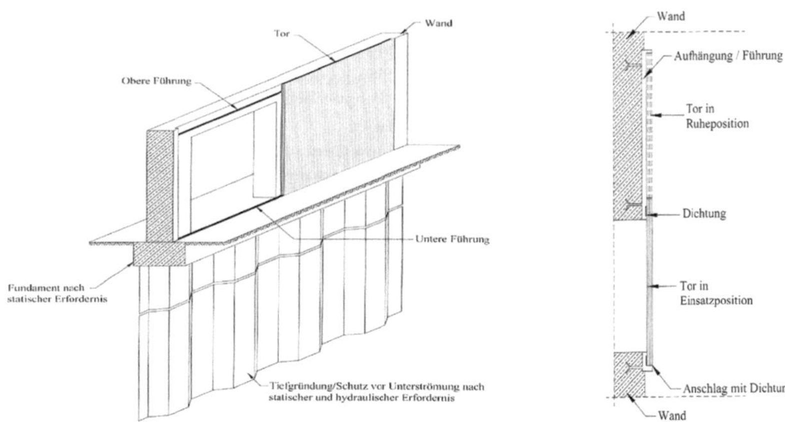

Abbildung 31: Schiebetor in geöffnetem Zustand (links), Grundriss (rechts) (BWK, 2005)

In Abbildung 32 sind unterschiedliche Einbauarten von Schiebetoren dargestellt.

Abbildung 32: Schiebetor am Gebäude (www.hs-silberbauer.at, Zugriff am 20.9.2012)

Schwenk- bzw. Stemmtor

Durch drehbare, vertikal angeordnete Lager ist es möglich, das einflügelige Schwenktor bis zu 180° zu öffnen. Im Gegensatz dazu besteht das Stemmtor aus zwei Torflügeln und wird, wie das Schwenktor, gegen eine Schwelle oder Anschlagsschiene gepresst und verriegelt (siehe Abbildung 33 und Abbildung 34). Ein steigender Wasserdruck wirkt sich somit positiv auf die Dichtwirkung aus, da sich der Anpressdruck der Torflügel gegen die Schienen dadurch erhöht.

In Abbildung 35 werden unterschiedliche Montagearten von Schwenk- und Stemmtoren dargestellt.

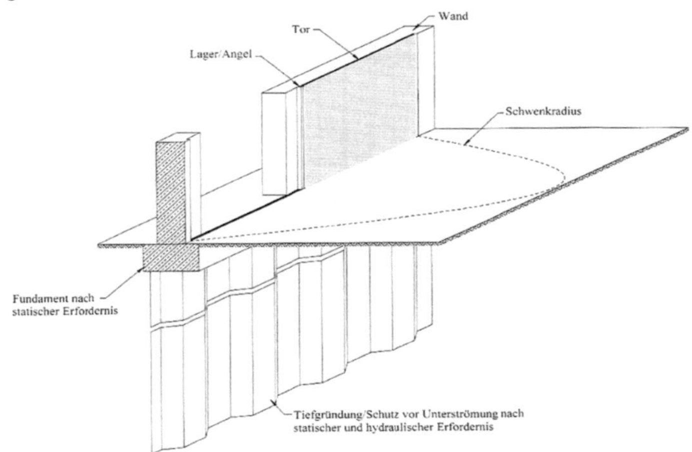

Abbildung 33: Schwenktor in geöffnetem Zustand (BWK, 2005)

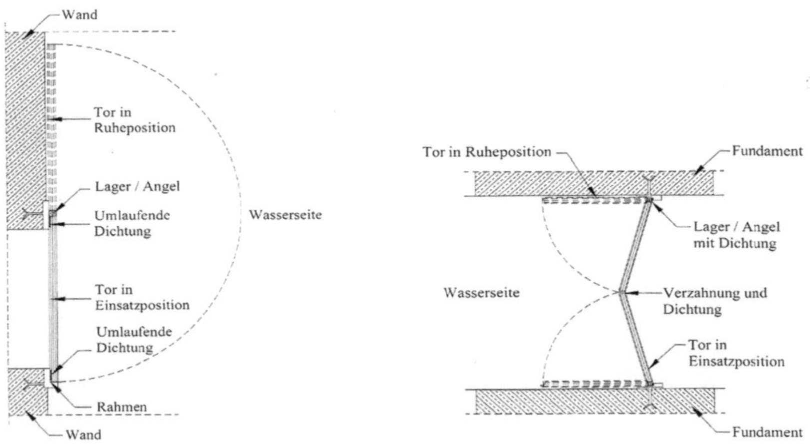

Abbildung 34: horizontaler Schnitt eines Schwenktors (links) und eines Stemmtors (rechts)
(BWK, 2005)

Abbildung 35: Schwenktor zur Sicherung einer Abfahrt (links) und zur Sicherung einer Gebäude-öffnung (rechts) (www.whs-hochwasserschutz.de, Zugriff am 20.9.2012)

Hubschwenktor

Falls im Boden keine Anschlagsschwelle eingearbeitet werden kann, ermöglicht dieser Tortypus aufgrund einer Hubvorrichtung und einer Bodenrinne eine allseitige Abdichtung der Öffnung. Das Tor wird dazu in die zu verschließende Öffnung geschwenkt und in die dafür vorbereitete Bodenrinne abgesenkt. Gummidichtungen, welche sich am Rand des Tores befinden, werden durch Gewindespindeln an die Türzarge angepresst und garantieren somit eine allseitige Abdichtung.
Abbildung 36 zeigt unterschiedliche Montagearten eines Hubschwenktores.

Abbildung 36: Hubschwenktor in geöffnetem Zustand (links), hydraulische Handpumpe für das Anheben der massiven Tür (rechts)
(www.hochwasserschutz.de, Zugriff am 10.8.2012)

Senktor

Senktore werden über der zur verschließenden Öffnung angebracht und im Bedarfsfall über vertikal verlaufende Führungsschienen, welche in der Wand verankert sind, abgesenkt (siehe Abbildung 37).

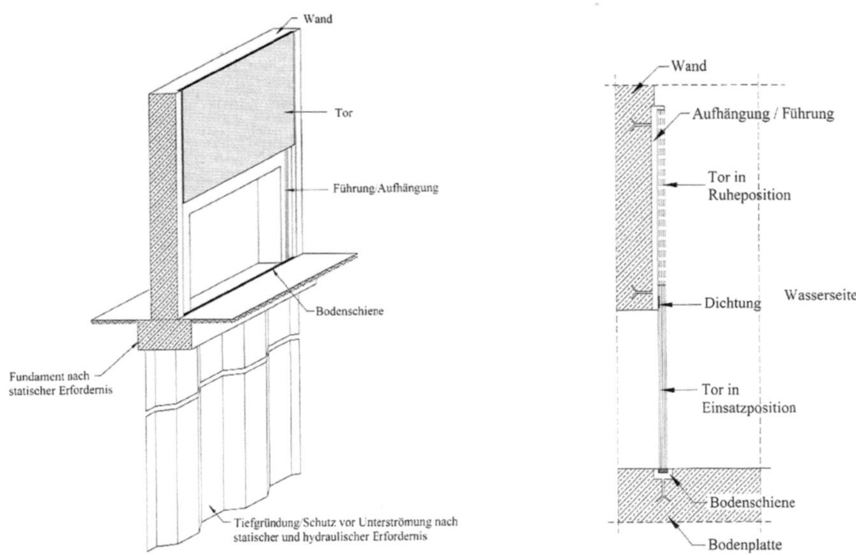

Abbildung 37: Senktor in geöffnetem Zustand (links), vertikaler Schnitt (rechts) (BWK, 2005)

Untenstehende Abbildungen veranschaulichen die Funktionsweise des Systems.

Abbildung 38: Mobile - HWS Glaswand. Bei Bedarf wird die Wand aus der Ruheposition (links) in die Einsatzposition (rechts) abgesenkt (BWK, 2005)

Klapptore

Durch ein Hydraulikgestänge bzw. Gasdruckfedern kann das über der Öffnung angebrachte Klapptor im Einsatzfall manuell oder hydraulisch abgesenkt und fixiert werden (siehe Abbildung 39). Bei Verwendung von leichten Konstruktionsmaterialien ist es möglich, das Tor platzsparend an der Decke zu montieren. Dazu müssen die Angeln in einer horizontalen Ebene am Rahmen montiert werden.

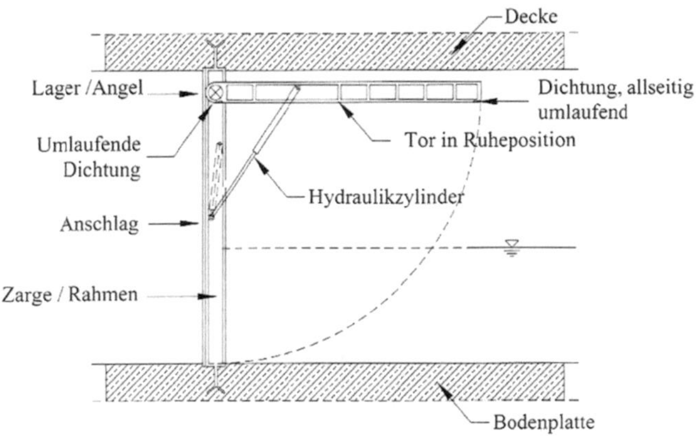

Abbildung 39: vertikaler Schnitt durch ein geöffnetes Klapptor (BWK, 2005)

3.7.3.4 Klappbare Systeme

Bei klappbaren Systemen werden Klappwände aus Edelstahl, Aluminium oder auch Stahlbeton, fest mit dem Untergrund verbaut. Diese werden in eingetieften Auflagerbetten horizontal gelagert und im Bedarfsfall manuell oder maschinell in eine vertikale Einsatzposition gebracht (siehe Abbildung 40 und Abbildung 41). Im Ruhezustand ist das flächenhafte Element bündig mit der umgebenden Geländeoberfläche. Durch konstruktive Verstärkungen können die Wände in diesem Zustand auf der Rückseite mit Fahrzeugen bis SLW 60 (Schwerlastwagen 60 t) befahren werden. (BWK, 2005)

Bei manuellem Aufklappen der Wände ist eine maximale Systemhöhe von 1,0 bis 1,5 m und eine Einzelelementlänge zwischen 1,0 bis 1,5 m sinnvoll, da dies von einer Einzelperson noch zu bewerkstelligen ist.

Ist für das klappbare System dagegen ein maschinelles Aufklappen vorgesehen, können in Sonderfällen Elementhöhen von bis zu 5 m und Längen bis zu 10 m erreicht werden. (BWK, 2005)

Um im Einsatzfall ein Gesamtversagen zu vermeiden, empfiehlt es sich in längeren Abschnitten feste stationäre Wände vorzusehen, um einen Dominoeffekt zu vermeiden.

An den Rändern der Klappelemente ist eine Dichtung angebracht, welche ein gegenseitiges abdichten der Elemente bewirkt. Eine Horizontaldichtung, welche im Fundament verbaut ist, bewirkt eine Abdichtung an der Unterseite der Wand.

Das Fundament ist auf die verschiedenen Bedarfsfälle wie Ruhezustand und Einsatzfall dementsprechend zu dimensionieren.

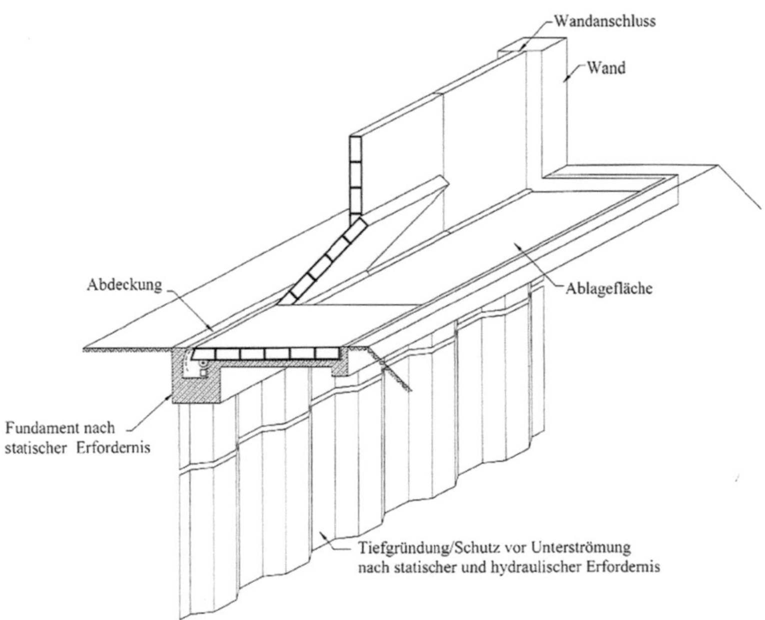

Abbildung 40: Klappbares System in Ruhe- und Einsatzposition (BWK, 2005)

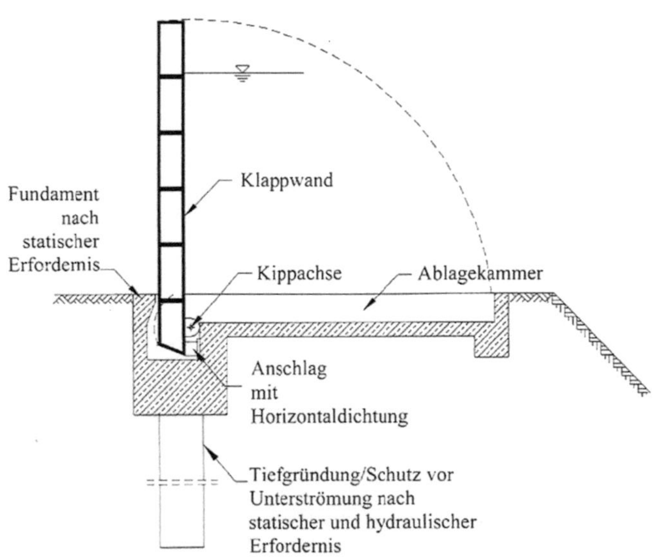

Abbildung 41: Vertikaler Schnitt durch ein klappbares System (BWK, 2005)

Untenstehende Abbildungen zeigen beispielhaft die Funktionsweise von klappbaren HWS - Systemen.

Abbildung 42: Klappbare Elemente werden maschinell angehoben (links), Gebäudeschutz auf Gehsteigniveau (rechts) (www.HWS - technologie.de, Zugriff am 20.9.2012)

3.7.3.5 Aufschwimmbare Systeme

Bei diesem System ist die Schutzwand als wasserdichte Hohlkonstruktion ausgeführt und schwimmt bei einer Überschwemmung automatisch vertikal auf. Dazu wird die gesamte Konstruktion unter der Geländeoberkante, mit der sie im Ruhezustand bündig abschließt, in einer Bodenkammer versenkt (siehe Abbildung 43).

Im Einsatzfall füllt sich die Kammer durch ein mit dem Gewässer verbundenes Zu- und Abflussrohr. Da sich der wasserdichte Schwimmkörper wie ein Ponton verhält, schwimmt dieser an seitlich geführten Schienen bis zur maximalen Anschlagshöhe auf und steigert somit bei steigendem Wasserspiegel den Anpressdruck gegen die Dichtung.

Als Material für aufschwimmbare Wände kommen korrosionsgeschützter Stahl, Kunststoff oder geleimtes Holz zum Einsatz. Die Kopfplatte kann je nach Erfordernissen aus verschiedenen Materialien bestehen und dem Bodenbelag der Umgebung angepasst werden. Die kanalähnlichen Kammern in der sich die Wand bei Ruheposition befindet, bestehen entweder aus Ortbeton oder Fertigteilen. (BWK, 2005)

Die Länge der Einzelsegmente kann je nach örtlichen Gegebenheiten von 1 bis 18 m angepasst werden. Systemhöhen von bis zu 5 m sind dabei möglich.

Bei Vereisung, Versandung oder Verschlammung ist die Sicherstellung der Funktionsweise problematisch. Um den Eintrag von Schmutz zu minimieren, sind Filter bzw. Siebe am Zulauf des Füllrohres zu installieren. Das Wasser kann nach Ende des Hochwasserereignisses durch das Rohr wieder abrinnen. Allgemein muss bei diesen Systemen mit großem Unterhaltungsaufwand gerechnet werden. (Sowa, 2010).

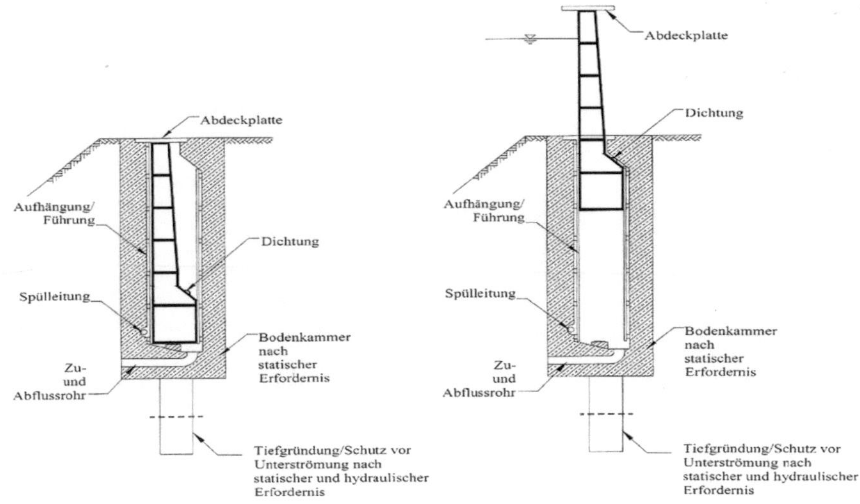

Abbildung 43: Aufschwimmbares System in Ruhe- und Einsatzposition (BWK, 2005)

3.7.3.6 Aufschwimmbare, klappbare Systeme

Ähnlich den klappbaren Systemen sind die Wandelemente im Untergrund verbaut und können in ihrer Konstruktion befahrbar ausgeführt werden. Der Unterschied liegt in der Ausführung der Wandelemente welche als Hohlprofile und somit wasserdicht ausgeführt sind. Im Ruhezustand befindet sich das Wandelement horizontal auf Auflager gebettet, in liegender Position. Durch einen Zu- und Ablauf kann Wasser in die im Untergrund liegende Kammer fliesen und somit die gesamte Wand senkrecht aufstellen (siehe Abbildung 44).

Die gesamte Wand besteht aus mehreren aneinandersetzbaren Einzelelementen welche in verschiedenen Längen ausgeführt und bis zu einer Systemhöhe von 3,5 m einsetzbar sind.

Die im Boden verbauten Kammern werden ca. 0,5 m tief als Ortbeton oder Fertigteilelemente verbaut. Der Zu- und Ablauf erfolgt, gleich wie bei den aufschwimmbaren Systemen, unterirdisch über vorinstallierte Leitungen. (BWK, 2005)

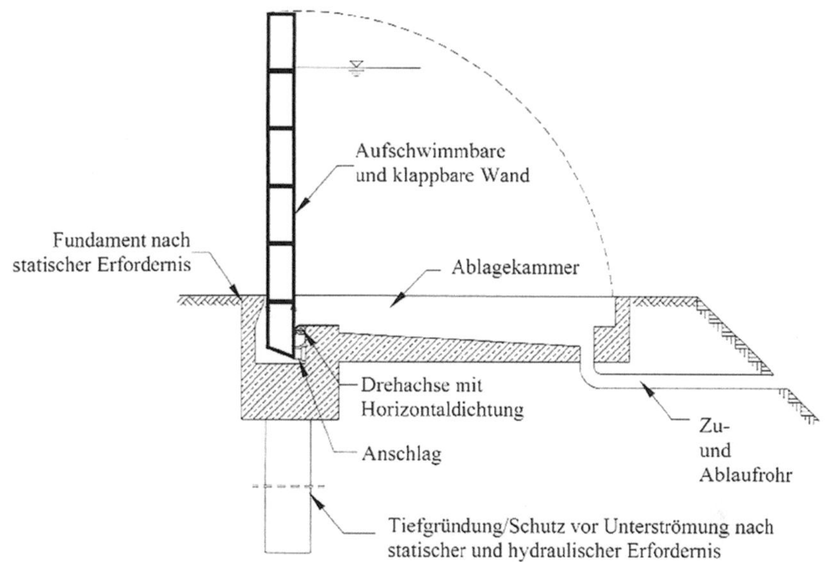

Abbildung 44: Aufschwimmbares, klappbares System in Einsatzposition (BWK, 2005)

3.7.3.7 Schlauchwehrsysteme

Ein mit Wasser oder Luft gefüllter Gummischlauch bildet bei diesem System die Hochwasserschutzwand. Der im Ruhezustand unbefüllte Schlauch befindet sich unter einer Abdeckung, und ist dort mittels Schienen, fest im Untergrund verbaut. Im Einsatzfall wird der Schlauch durch Leitungen aufgefüllt und an den seitlichen Enden an Wandauflagern befestigt.

Als Material für die Schläuche kommt ein sehr widerstandsfähiges und elastisches Gummigewebe mit einer Materialdicke zwischen 9,6 und 28 mm zum Einsatz, für die Halteschienen und Schrauben wird korrosionsgeschützter Stahl verwendet. Die Herstellung des Fundaments erfolgt aus Stahlbeton.

Für die Befüllung der Schläuche kann sowohl Luft als auch Wasser verwendet werden. Dabei weist Luft wesentliche Vorteile hinsichtlich Kosten, Aufstellgeschwindigkeit und Winterbetrieb auf. Das Verwenden von Wasser birgt dabei die Gefahr von Eisbildung und eventuellem Aufsprengen der Schlauchwandung bei Winterhochwässer, jedoch den Vorteil eines langsameren Volumenverlustes bei Leckagen sowie einer besseren Möglichkeit einer Reparatur (BWK, 2005).

Um das Befüllen und Entleeren sowie die Druckkontrolle in den Schläuchen steuern zu können, ist der Einbau eines Schaltschrankes mit einem speziellen Regulierungssystem vorzusehen. Besonders geeignet sind Schlauchwehrsysteme bei häufigem Auftreten von Hochwässern.

Der Preis beträgt bei einer Einstauhöhe von 50 cm und in Abhängigkeit von der Elementlänge, 210 bis 310 €/Laufmeter (Edinger, 2012).

In Abbildung 45 bis Abbildung 47 werden die Funktionsweise sowie unterschiedliche Einsatzmöglichkeiten des Systems dargestellt.

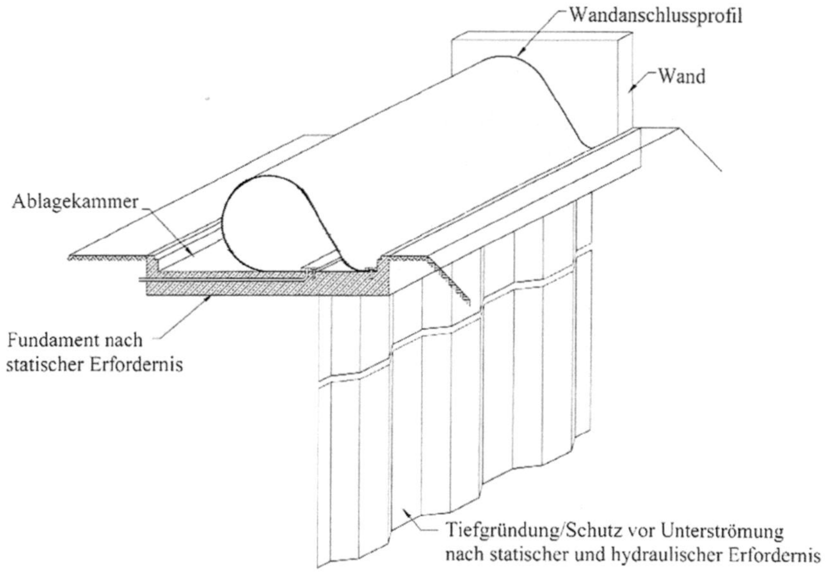

Abbildung 45: Schlauchwehrsystem im Einsatzzustand (BWK, 2005)

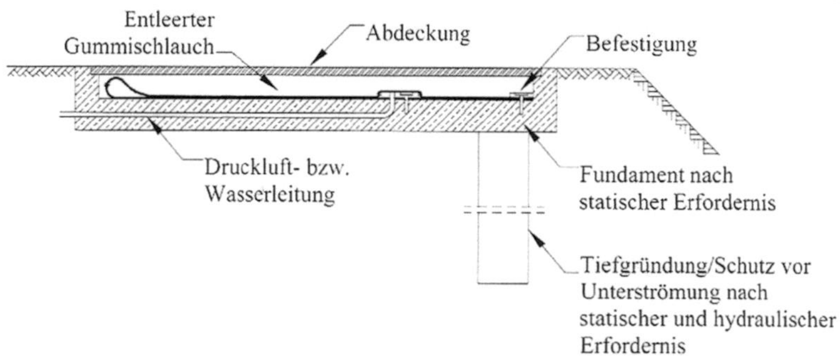

Abbildung 46: Schlauchwehrsystem in Ruheposition (BWK, 2005)

Abbildung 47: NOAQ Schlauchwehrsystem im Einsatzzustand (links) (Infoblatt NOAQ),
Schlauchwehr zum Schutz einer Einfahrt (rechts)
(www.tunnel-ventilation.de, Zugriff am 20.9.2012)

3.7.3.8 Schlauchwehrsystem mit mehr als zwei Schläuchen (Kofferwehr)

Bei diesem System handelt es sich um pyramidenartig angeordnete Schläuche in größerer Anzahl. Die Kunststoffschläuche sind mit einem Kunststofftextil, in welches ein weitmaschiges Stahlgewebe integriert ist, umhüllt. Dies Umhüllung soll die befüllten Schläuche gegen Beschädigungen schützen.

In Ruheposition liegen die Schläuche in gefaltetem Zustand in einer Betonmulde mit dazu passendem Deckel. Die Betonmulde bildet einen Schutz gegen eine Unterströmung des Systems. Sobald Hochwasser auftritt, werden die Schläuche durch eine Pumpe mit Wasser befüllt, diese heben den Deckel an und erreichen somit den Einsatzzustand (siehe Abbildung 48). Über die Einsatzhöhe dieses Systems ist nichts bekannt.

Der Vorteil dieses Systems liegt darin, dass bei Beschädigung eines Schlauches nur dieser betroffen ist und es nicht zu einem Gesamtversagen kommt. Mit einer Verringerung der Stauleistung ist jedoch zu rechnen. Im Einsatzfall ist eine Reparatur des Schlauches bzw. des Systems nicht möglich. (BWK, 2005)

Beispiele für den Einsatz und Transport werden Abbildung 49 dargestellt.

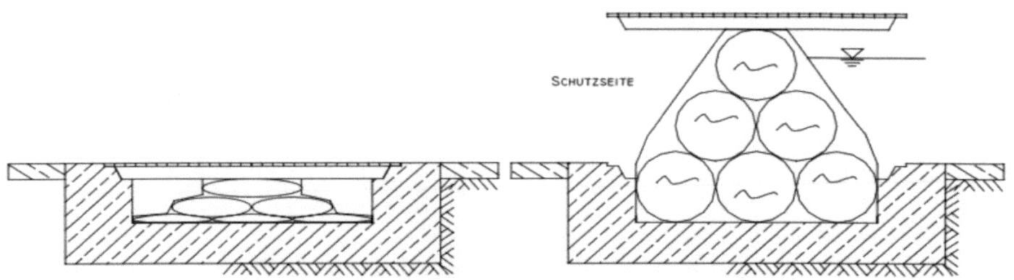

Abbildung 48: Mehrschlauchsystem in unbefültem (links) und befülltem (rechts) Zustand (BWK, 2005)

Abbildung 49: Kofferwehr mit drei Schlaucheinheiten (links), Schlauchwehr während der Entladung (rechts) (www.mobildeich.de, Zugriff am 20.9.2012)

3.7.3.9 Glaswandsysteme

Aufgrund ihrer Durchsicht werden Glaswandelemente besonders in städtischen Bereichen angewandt. Neben der Hochwasserschutzfunktion erfüllt das System Lärm- und Windschutzaufgaben. Das stationär aufgebaute System kann linienförmig schräg oder senkrecht zwischen Stützen aufgebaut werden (siehe Abbildung 50).

Die Glaswand besteht wegen Sicherheitsgründen aus vielscheibigem Sicherheitsglas, das aus verschiedenen Einzelscheiben kombiniert wird. An den Außenflächen werden i.d.R. „Opferscheiben" angeordnet, welche die inneren Scheiben schützen und gegebenenfalls Schaden nehmen können ohne dass das Gesamtbauwerk versagt.

Dazwischen befinden sich, die eigentliche Wand bildend, je nach Anforderung zwei oder mehr „Tragscheiben" aus Einscheibensicherheitsglas (BWK, 2005).

Die Scheiben werden zwischen zwei Stützen in einer schützenden Aluminiumschiene oder in einem umlaufenden Aluminiumrahmen eingefasst und gelagert.

Die für die Konstruktion wichtigen Mittel-, Eck- und Wandstützen werden aus einer Aluminiumlegierung hergestellt und mittels eines mit einer Ankerplatte versehenen Stützenfußes am Untergrund befestigt.

Aufgrund der maximalen Stützweite von rund 3 m und einer bisherig erprobten Stauhöhe von 1,20 m bedarf es im Gegensatz zu anderen wandartigen Systemen zu keiner Rückabstützung.

Da die Verschmutzung bei glasartigen Flächen besonders gut sichtbar ist, sind die Glaselemente sowohl regelmäßig als auch nach einem Einsatzfall zu reinigen. Ebenfalls ist eine Beeinträchtigung der Verkehrsteilnehmer durch Spiegelungen bzw. Blendwirkungen möglich. (BWK, 2005)

Glas ist als konstruktives Element im Hochwasserschutz nur in absoluten Ausnahmefällen einzusetzen. Glas ist ein spröder Werkstoff. Es kann Spannungsspitzen nicht durch Plastifizieren abbauen. Wenn die Spannung die Zugfestigkeit der Scheibe an der schwächsten Stelle erreicht, ergibt sich ein rasches Risswachstum und damit ein Versagen des Bauteils. (IBS, 2012)

Verschiedene Einsatzmöglichkeiten des Systems sind Abbildung 51 dargestellt.

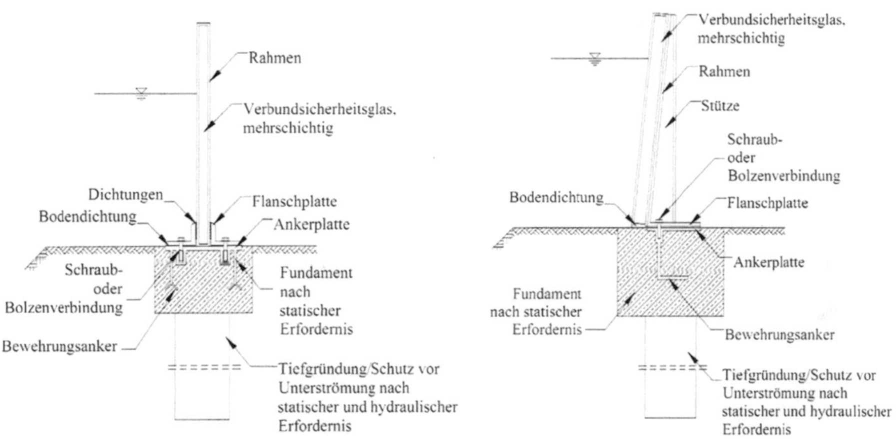

Abbildung 50: Glaswandsystem in senkrechter (links) und schräger (rechts) Ausführung (BWK, 2005)

Abbildung 51: Glaswandsysteme in unterschiedlicher Ausführung
(www.aquastop.de, Zugriff am 20.9.2012)

3.8 Notfallmäßige HWS - Systeme

3.8.1 Einsatzbereiche

Notfallmäßige HWS - Systeme kommen an jenen Stellen zum Einsatz, bei denen keine Vorkehrungen gegen Überschwemmungen getroffen wurden. Gegenüber planmäßigen mobilen HWS - Systemen können Notfallmäßige aufgrund ihrer Flexibilität nahezu an jedem Standort an die Umgebung angepasst, aufgebaut und aktiviert werden. Je nach Anforderung kann zwischen verschiedenen Systemen ausgewählt werden. (BWK, 2005)

3.8.2 Einsatzrandbedingungen

Notfallmäßige Systeme müssen anders als Planmäßige, bei denen die Aktivierung im Vorhinein geübt und optimiert werden kann, intuitiv je nach Einsatzort anpassbar sein.

Einige dieser Randbedingungen, welche den Einsatz erschweren können, sind in der Tabelle 2 aufgelistet.

Kriterium	Beschreibung
Topographie	Das Gefälle in Längsrichtung und in Querrichtung zur mobilen Sperre bestimmt die Gleit- und Kippsicherheit.
Geländebeschaffenheit (Art, Zustand)	Die Beschaffenheit der Oberfläche (Bitumen, Gras, Erde) und ihr aktueller Zustand (trocken, nass, beschneit, vereist) bestimmen die Gleitsicherheit des Systems.
Flutung vor Aufbau	Der Systemaufbau kann in stehendem oder in strömendem Wasser notwendig sein. Dies bedeutet, dass Bodenverankerungen und Dichtungsfolien unter Wasser verlegt werden müssen.
Zufahrtsmöglichkeiten	Die Zufahrt bis zum Einsatzort ist immer gegeben. Die Systemelemente müssen für diesen Fall von tragbarem Gewicht sein (max. 30 kg).
Verfügbarkeit der Füllstoffe	Einzelne Systeme benötigen für den Systemaufbau Wasser, Sand oder Kies. Sind diese Materialien vor Ort nicht verfügbar, so verursacht deren Beschaffung eine Zeitverzögerung.
Dunkelheit	Der Systemaufbau ist bei Dunkelheit erschwert, insbesondere wenn viele kleine Einzelteile zu montieren sind.
Kälte in Verbindung mit Frost	Kälte behindert die Verlegung von Kunststoffprodukten und erschwert den Systemaufbau bei wassergefüllten Systemen.

Tabelle 2: Randbedingungen bei Aufbau von HWS - Systemen.
In Anlehnung an (Egli, et al., 2004)

3.8.3 Auslegung und Freibord

Die Auslegung und das Freibord unterscheiden sich im wesentlichen nicht gegenüber den planmäßigen mobilen HWS – Systemen die in Kapitel 3.7.2. aufgezählt werden.

3.8.4 Systeme

3.8.4.1 Sandsäcke und Tandemsandsäcke

Einfache Sandsacksysteme bilden die gängigste Methode bei notfallmäßigen HWS - Systemen. Dabei werden Jute bzw. Kunststoffsäcke aus Polypropylen am Einsatzort mit Sand oder Kies befüllt und zur Stabilitätserhöhung kreuzweise übereinandergestapelt. Durch das Eigengewicht entsteht eine dichte Wand, welche bei richtiger Stapelung eine Systemhöhe von bis zu 2 m erreichen kann. (BWK, 2005)

Der Sandsack wiegt etwa 20 kg und enthält etwa 0,013 m³ (= 13l) Sand. *Mit einem Kubikmeter Sand können ca. 80 Sandsäcke gefüllt werden. Für das Auslegen einer Grundfläche von 1 m² werden ca. 8 Sandsäcke benötigt.* (Patt, et al., 2001)

Die Sandsäcke werden nur zu ca. 2/3 befüllt um die Öffnung im oberen Bereich gut abbinden zu können. Siehe (Abbildung 52).

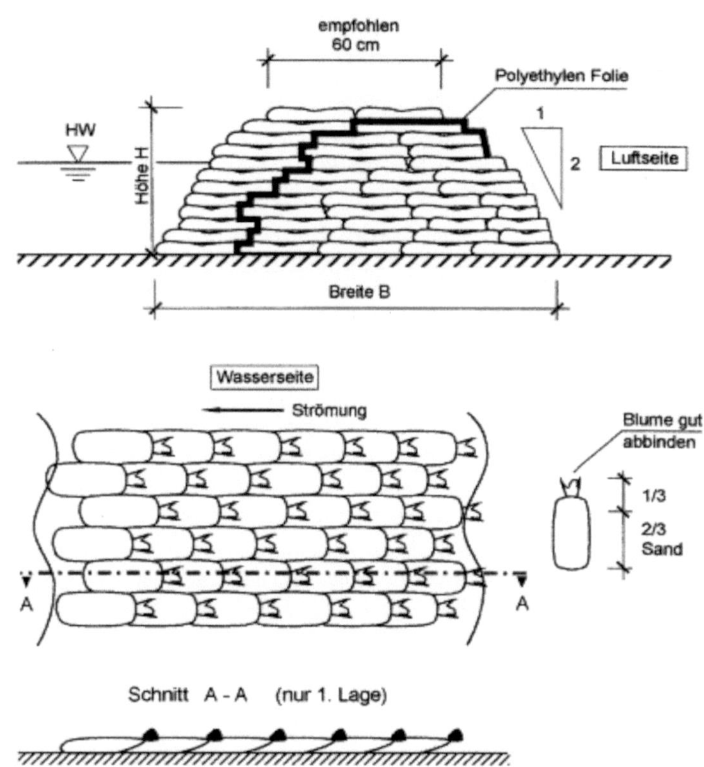

Abbildung 52: Sandsacksystem, vertikaler Schnitt durch Gesamtsystem (oben), horizontaler Schnitt (mitte), vertikaler Schnitt durch 1. Lage (unten) (Patt, et al., 2001)

Abbildung 53 zeigt beispielhaft einen Systemaufbau in einem Wohnungsgebiet.

Abbildung 53: Sandsacksysteme im urbanen Siedlungsbereich
(www.ruderclub-thun.cd, Zugriff am 20.9.2012)

Eine Weiterentwicklung von Sandsäcken sind Tandemsandsäcke. Diese bestehen aus zwei, mit einer Kunststoffmembran zugfest miteinander verbundenen, Säcken. Tandemsandsäcke können nur in Längsrichtung aufeinander geschlichtet werden, der dadurch entstehende Verbund ermöglicht eine bessere Statik, einen platzsparenderen Aufbau und eine bessere Stabilität der Schutzdämme (siehe Abbildung 54). Gleich wie einfache Sandsäcke können Tandemsandsäcke per Hand mit einem Füllmaterial befüllt werden. Einige Hersteller bieten eigene Quellmittel als Befüllung an, diese Quellmittel vergrößern bei Berührung mit Wasser ihr Volumen und füllen somit den Sandsack voll aus. (BWK, 2005)

Systemhöhen von max. 2 m sind ohne zusätzliche Hilfsmittel realisierbar. Unter Verwendung von Rückabstützungen oder Verankerungen, sind größere Höhen möglich.

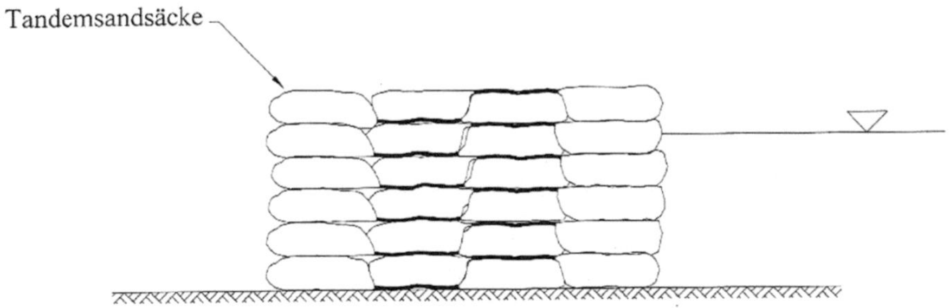

Abbildung 54: Aufgeschlichtete Tandemsandsäcke (Patt, et al., 2001)

Sandsacksysteme sind aufgrund ihrer Flexibilität annähernd überall einsetzbar. Sie können als Objektschutz für kleinere Bereiche wie Kellerfenster-, Türöffnungen und Toreinfahrten aber auch für längere Abschnitte wie Deich- und Flusssicherungen sowie zur Sicherung von Gebäudekomplexen und Straßenabschnitten eingesetzt werden. Ebenso ist es möglich vorhandene Hochwasserschutzsysteme wie Erddämme oder Mauern durch Sandsäcke aufzustocken bzw. einen Totalausfall durch unterstützende Maßnahmen zu vermeiden. Durchweichte Dämme oder Deiche können somit stabilisiert werden. Tritt ein Durchbruch auf, kann dieser durch Sandsäcke verschlossen und gesichert werden.

Der Einsatz von Sandsacksystemen erfordert einen hohen logistischen Aufwand. Für den Antransport des Sandes werden LKWs benötigt, da eine Lagerung vor Ort viel Platz beanspruchen würde. Für das Befüllen und Schlichten der Sandsäcke ist eine große Anzahl von Personen nötig da dies sehr arbeitsintensive Tätigkeiten sind. Spezielle Befüllungsmaschinen bringen eine Arbeitserleichterung, müssen jedoch vor Ort vorhanden sein bzw. antransportiert werden. (BWK, 2005)

Nach dem Einsatz müssen Sand und Sandsäcke fachgerecht entsorgt werden, da diese möglicherweise mit Öl und dergleichen verunreinigt sein können. Laut einer Schätzung nach Schöpf (2003), belaufen sich die Kosten für einen Sandsack inklusive Füllmaterial und den Arbeitsschritten Befüllen, Stapeln, Transportieren, Einbauen, Ausbauen, Abtransportieren und Beseitigen, auf 2,5 € wenn die Arbeitsschritte von bezahlten Arbeitskräften durchgeführt werden und 1,5 € bei freiwilligen Helfern.

Nach Patt (2001) sind folgende Punkte beim Einsatz von Sandsacksystemen zu berücksichtigen:

- *der Untergrund sollte glatt und frei von Steinen o.ä. sein*

- *der Abstand von Deich und Bebauung sollte 2 – 3 m betragen*

- *die unterste Schicht sollte auf der Wasserseite parallel zur Strömung verlaufen*

- *die Sandsäcke müssen überlappend verlegt werden* (siehe Abbildung 52)

- *zwischen den Sandsäcken ist zur Abdichtung eine Polyethylenfolie (0,6 mm stark) einzulegen.*

Vorteile des Systems:

- flexible Anpassung an unterschiedliche örtliche Gegebenheiten

- Ergänzung zu bestehenden Schutzmaßnahmen

- Einsatz bei bestehendem Hochwasser

- zusätzliche Sicherung von Schwachstellen bzw. Bruchstellen

- gute Anpassung an Unebenheiten

- Verlegung bei kleinen Öffnungen durch eine Person möglich

Nachteile des Systems:

- hoher personeller Aufwand

- hoher Materialbedarf

- Aufbau ist je nach personeller Verfügbarkeit zeitintensiv

Logistik

Laut dem Thüringer Ministerium für Landwirtschaft, Naturschutz und Umwelt wurden im Jahre 2003 folgende Werte für den Einsatz von Sandsacksystemen ermittelt:

Richtwerte: 8 bis 10 Säcke je m² bei einer Lage

1 m Höhe = 10 Lagen Sandsäcke

80 bis 100 Säcke je m³ Verbauvolumen

Kennwerte für das Befüllen der Säcke:

	ohne Trichter	mit Trichter
mit 2 Einsatzkräften	60 bis	100 Säcke/Std.
mit 6 Einsatzkräften	320 bis	400 Säcke/Std.
mit 10 Einsatzkräften	500 bis	600 Säcke/Std.
mit 50 Einsatzkräften	2500 bis	3000 Säcke/Std.

Tabelle 3: Füllen und verschließen der Sandsäcke je Gruppe (Patt, et al., 2001)

Kennwerte zum Verbau von Sandsäcken:

Aufkadung bis 10 cm: Sandsäcke quer zur Fließrichtung

≈ 350 Sandsäcke/100 m Aufkadungslänge

Aufkadung bis 20 cm: 1. und 2. Lage quer zur Fließrichtung

≈ 1000 Sandsäcke/100 m Aufkadungslänge

Aufkadung bis 30 cm: 1. und 2. Lage quer zur Fließrichtung

3. Lage längs zur Fließrichtung

≈ 2000 Sandsäcke/100 m Aufkadungslänge

Erforderliche Einsatzkräfte	Anzahl der Sandsäcke die verbaut werden in					
	1 Stunde	2 Stunden	3 Stunden	8 Stunden	10 Stunden	12 Stunden
1	100	200	300	800	1.000	1.200
10	1.000	2.000	3.000	8.000	10.000	12.000
20	2.000	4.000	6.000	16.000	20.000	24.000
30	3.000	6.000	9.000	24.000	30.000	36.000
40	4.000	8.000	12.000	32.000	40.000	48.000
50	5.000	10.000	15.000	40.000	50.000	60.000

Tabelle 4: Kennwerte zum Verbau von Sandsäcken, Entfernung zum LKW max. 10 m (TMLNU, 2003)

Erforderliche Einsatzkräfte	Anzahl der Sandsäcke die verbaut werden in					
	1 Stunde	2 Stunden	3 Stunden	8 Stunden	10 Stunden	12 Stunden
20	300	600	900	2.400	3.000	3.600
40	600	1.200	1.800	4.800	6.000	7.200
80	1.200	2.400	3.600	9.600	12.000	14.400
160	2.400	4.800	7.200	19.200	24.000	28.800
240	3.600	7.200	10.800	28.800	36.000	43.200
320	4.800	9.600	14.400	38.400	48.000	57.600

Tabelle 5: Kennwerte zum Verbau von Sandsäcken, Entfernung zum LKW max. 20 m unter erschwerten Bedingungen (TMLNU, 2003)

Bei einer Aufkadungshöhe von 0,5 m und einer Länge von 100 m ist laut Egli (2004) noch folgender maschineller Einsatz erforderlich:

- 12 LKW für den Transport (300 Sandsäcke resp. 5 Tonnen Nutzlast pro LKW)

- ca. 4 Gabelstapler für das Be- und Entladen

3.8.4.2 Betonelementsysteme und einfache Tafelsysteme

Betonelementsysteme

Betonelementsysteme, auch Massesysteme genannt (siehe Abbildung 55), eignen sich besonders für den Linienschutz an Wildbächen und Gebieten wo eine hohe dynamische Belastung des Schutzsystems zu erwarten ist. Dies tritt beispielsweise bei Kurvenaußenseiten, Brücken oder im Bereich von einsturzgefährdeten Ufermauern auf. Die Betonelemente in Form von Winkelstützmauern sind 2 m lang und müssen aufgrund ihres Gewichts mit maschineller Hilfe versetzt werden. (BWK, 2005)

Logistik

Laut Egli (2004) ist folgender logistische Aufwand für die Erstellung 100 m Länge und 1 m Höhe erforderlich:

- *13 LKW für den Transport (4 Stück resp. 6.5 Tonnen Nutzlast pro LKW)*
- *50 Betonelemente á 2 m (Stückgewicht ca. 1600 kg)*
- *ca. 2 Hebemittel (Bagger oder Kranfahrzeug oder Gabelstapler)*
- *ca. 4 Personen während einer Stunde für den Aufbau*

Abbildung 55: Betonelementsysteme (Egli, 2004)

Untenstehende Abbildung zeigt den Aufbau von Massesystemen mit maschineller Hilfe.

Abbildung 56: Aufbau eines Betonelementsystems mittels Raupenbagger (Egli, 2004)

Tafelsysteme

Das aus Schalungsbrettern bestehende einfache Tafelsystem wird mit Hilfe von Eisenstangen, so genannten Armierungseisen, welche in den Boden gerammt werden, aufgestellt. Die Bretter werden wasserseitig angebracht und mit einer Kunststofffolie überzogen. Die Sicherung erfolgt mit Sandsäcken am Fuße der Bretter. Aufgrund der geringen Einsatzhöhe von 0,5 m eignet sich das System für den Einzelobjektschutz und als Strömungsablenkung (siehe Abbildung 57, Abbildung 58 und Abbildung 59). (BWK, 2005)

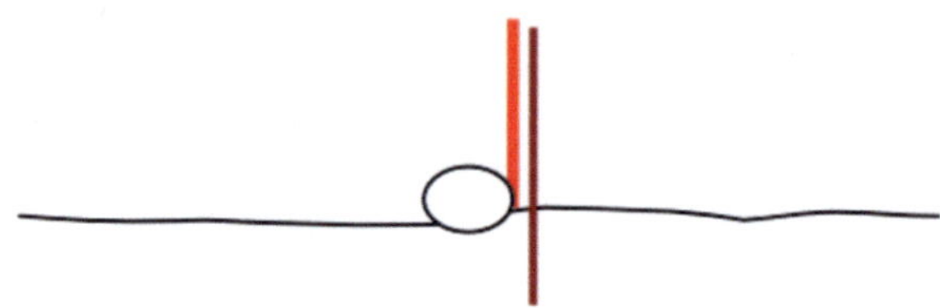

Abbildung 57: Schalungsbretter mit Armierungseisen und Sandsack (Egli, 2004)

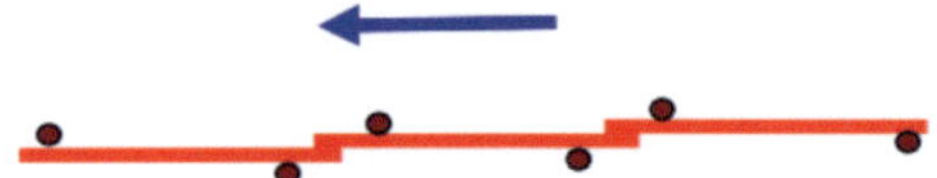

Abbildung 58: Die Armierungseisen (braun) können auch wechselseitig an den Tafeln (rot) angeordnet sein (Egli, 2004)

Abbildung 59: Tafelsystem als Ufersicherung (Egli, 2004)

Logistik

Egli (2004) empfiehlt zur Herstellung eines Linienschutzes mit einem Tafelsystem von 100 m Länge und 0,5 m Höhe:

- 1 LKW für Transport

- 50 Schalungsbretter

- ca. 100 Rundstahlarmierungseisen (Ø ca. 10 mm, Länge 1 m) oder Holzpflöcke

- ca. 150 Sandsäcke gefüllt á 16 kg

- ca. 250 m² Folie

- ca. 4 – 8 Personen während einer Stunde für den Aufbau

3.8.4.3 Stellwandsysteme

Die Hauptkonstruktionselemente dieses Systems sind Stützkonstruktionen, Wandelemente und eine Dichtungsfolie. Um eine ausreichende Dichtheit der Wandkonstruktion zu erhalten wird diese über die Wandelemente gespannt.

Das Aufstellen der Stützkonstruktion, welches aus Metall oder Kunststoff sein kann, erfolgt in einem Abstand von 1,2 bis 1,5 m. Die Sicherung der Konstruktion gegen Schub erfolgt mittels Erdnägel oder Ankerbolzen. Für die Standsicherheit wird ein fester Untergrund wie z.B. Asphalt oder Pflaster empfohlen. Mittels Querstreben oder Querstützen wird die Stützkonstruktion zu einem Tragwerk verbunden wobei sich dadurch die Stabilität des Gesamtsystems erhöht. Die Wandelemente bilden Europaletten oder Stahlplatten welche auf die schrägen, wasserseitigen Profile gelegt und mit einer überspannenden Folie abgedeckt werden. Die Fixierung erfolgt wasserseitig durch Sandsäcke (siehe Abbildung 60).

Die maximale Stauhöhe bei Stellwandsystemen auf Europalettenbasis beträgt 1,0 m. Durch einen zusätzlichen Adapter kann die Höhe auf 1,8 m angehoben werden.

Bestehen die Wandelemente aus Metall, ist je nach Anbieter eine Stauhöhe von 1,5 m bis 3,0 m möglich.

Falls die Dichtwand durch Dammbalken ausgeführt ist, kann bei einem Stützenabstand von bis zu 2,5 m eine Stauhöhe von 1,30 m erreicht werden.

Stellwandsysteme können in beliebiger Länge ausgeführt werden. Durch den Einbau von Eckelementen sind Richtungsänderungen sowie Neigungsänderungen der Schutzwand möglich.

Nachteile des Systems ergeben sich durch die Einheitsbreite der Paletten. Bei Hofeinfahrten zum Beispiel, ist der Anschluss bzw. die Abdichtung nur unter Zuhilfenahme von Sandsäcken oder speziellen Wandanschlusselementen möglich. Ebenso problematisch sind große Höhendifferenzen und Unebenheiten im Untergrund. Diese Stellen müssen gegebenenfalls mit Sandsäcken ausgeglichen werden um ein Leck im System zu vermeiden. (BWK, 2005)

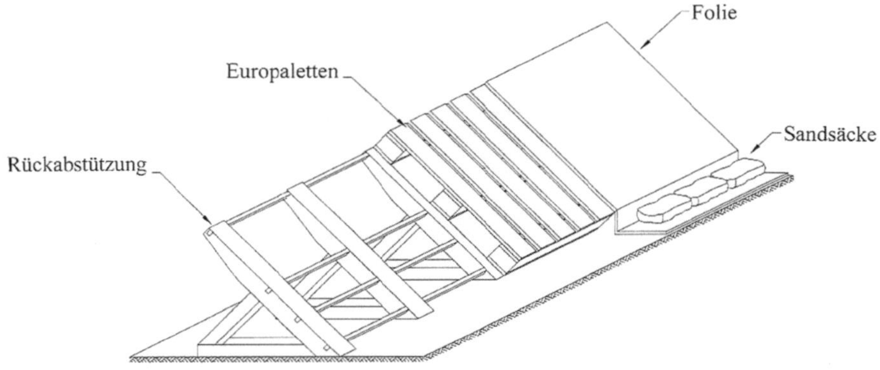

Abbildung 60: Stellwandsystem auf Europalettenbasis (BWK, 2005)

Abbildung 61 veranschaulicht Ausführungen von Stellwandsystemen auf unebenem Untergrund.

Abbildung 61: Stellwandsystem aus Aluprofilen (www.rs-stepanek.de, Zugriff am 20.9.2012)

Logistik

Zur Erstellung eines Linienschutzes im Bocksystem in Stahlblech 1,5 mm von 100 m Länge und 0,6 m Höhe wird laut Egli (2004) folgendes benötigt:

- *1 LKW für den Transport*
- *85 Stützelemente (Stückgewicht ca. 8 kg)*

- *85 Platten (Stückgewicht ca. 10 kg) oder Europaletten (Stückgewicht ca. 22 kg)*

- *Ca. 250 m² Folie*

- *Ca. 150 Sandsäcke gefüllt á 16 kg oder Stahlkette*

- *Ca. 100 Bodenanker (bei Bedarf je nach Untergrund)*

- *Ca. 4 Personen während einer Stunde für den Aufbau*

3.8.4.4 Winkelwand

Die aus Stahl oder Aluminium erzeugten Winkelwandsysteme bestehen aus einer lotrechten Tafel, die mit einer horizontal auf dem Untergrund aufliegenden Tafel in einem Winkel verbunden ist. Der erforderliche Winkel kann starr oder klappbar ausgeführt sein (siehe Abbildung 62). Letzteres ermöglicht das zusammen- bzw. aufklappen der beiden Tafeln. Im Einsatzzustand werden beide Tafeln aufgeklappt und mittels einer Schrägstütze fixiert. Um das System händisch manipulieren zu können, ist aufgrund der Größe und des Gewichts eine maximale Stauhöhe von 1 m möglich.

Beim Aufbau des Systems ist zu beachten dass ein ebener Untergrund vorhanden sein muss, auf den die untere Tafel aufgelegt werden kann. Die Sicherung gegen Verschub erfolgt mittels Reibung, welche durch die untere, horizontale Platte gegen den Boden erzeugt wird. Diese Platte ist wasserseitig ausgerichtet und wird vom darüberliegenden Wasserdruck belastet. (BWK, 2005)

Ein Versagen des Systems ist aufgrund des geringen Schubwiderstandes möglich. Mittels Baumaschinen oder Hebezeugen kann eine Lagekorrektur oder ein Versetzen der Elemente erfolgen.

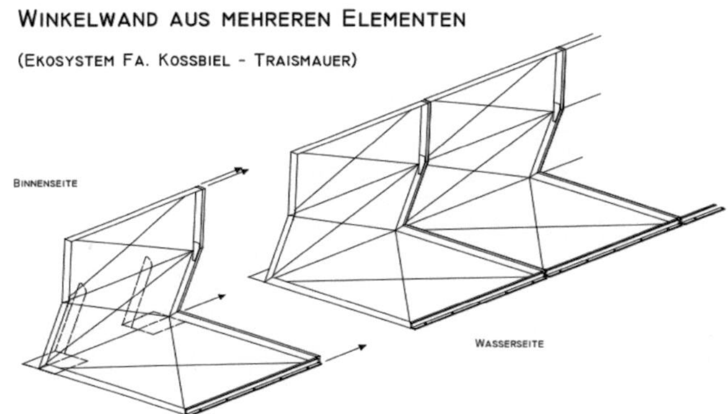

Abbildung 62: Systemaufbau einer Winkelwand aus mehreren Elementen (Nachtnebel, et al., 2000)

NOAQ Boxwall der Firma Grampelhuber (letzter Zugriff am 1.10.2012)

Die NOAQ Boxwall ist ein frei stehendes Hochwasserschutzsystem, welches speziell für den städtischen Bereich konzipiert ist.

Aufgrund der speziellen Formgebung wird eine hohe Konstruktionsstabilität bei einem Gewicht von 5,5 kg/lfm erreicht. Die Stabilität im Einsatzzustand wird durch die Auflast des Wassers auf die untere Bodenplatte gewährleistet. Zusätzliche Verankerungen oder Abstützungen sind nicht erforderlich. Die maximale Stauhöhe des Systems beträgt 0,5 m.

Die Elemente werden durch Kupplungen aneinandergefügt welche eine Richtungs-änderung von +- 3° erlauben. Anschließend wird das System durch Kunststofffeder-klemmen fixiert. Durch das Aneinanderreihen der einzelnen Elemente entsteht ein Linienschutz, welcher beliebig lang erweitert werden kann. Dichtstreifen ermöglichen den Anschluss an Wände und Mauern.

Einen großen Vorteil bietet die Stapelbarkeit der einzelnen Elemente. Dadurch können sie platzsparend am Einsatzort gelagert bzw. in Kisten transportiert werden.

Abbildung 63: Lagerung (links) und Aufbau (rechts) einer NOAQ Boxwall
(www.awma.au.com, Zugriff am 1.10.2012)

Abbildung 64: NOAQ Boxwall im Einsatzzustand
(www.awma.au.com, Zugriff am 1.10.2012)

In Abbildung 63 bis Abbildung 64 werden Stapelung, Aufbau und der Einsatzzustand des Systems dargestellt.

3.8.4.5 Dreieckswand

Vom nachfolgend beschriebenen System sind keine Ausführungen bekannt, es liegen nur Prinzipskizzen vor. (Jahr 2000)

Das System besteht aus zusammenfaltbaren Elementen, welche als Basis eine wasserseitige Bordsteinkante und landseitig eine anschließende befestigte Aufstellfläche mit einer Mindestbreite gleich der Wallhöhe (Mauerhöhe, Wandhöhe) benötigt

.

(Nachtnebel, et al., 2000)

Die faltbaren Elemente können aus verschiedenen Materialien wie bitumenbeschichtetem Stahlblech, Aluminium, Stahl – Holz Verbund, Kunststoff etc. hergestellt werden.

Als Schubsicherung kann eine in frostfreier Tiefe verbaute Fertigteil - Stahlbetonschürze verwendet werden. Die darunterliegende Aufstellfläche auf der die Bodenplatten aufliegen kann, kann als Bitukiesdecke, Pflastersteinplanum oder als zementstabilisiertes Schotterplanum mit darunterliegendem Schotterkoffer ausgeführt sein. Bei schlechtem Untergrund sollten Zusatzmaßnahmen zur Bodenverbesserung getroffen werden.

Auf diesem Planum wird unter Zwischenlage eines Quellbandes oder eines bitumengetränkten Schaumstoffbandes an der Bordsteinkante der auffaltbare Schutzwall, bestehend aus einer wasserseitigen Frontplatte welche wasserdurchlässig ist und nur der Stabilisierung des Systems und der Abweisung von Treibgut dient, einer landseitigen, dichten Druckplatte und einer zusammenfaltbaren, dichten Bodenplatte, aufgestellt. Alle Platten sind zueinander mit Scharnieren verbunden. Die Dichtheit der 2,5 bis 5,0 m langen Elemente zueinander übernehmen Dichtlippen welche bei Wasserdruck angepreßt werden. Alle Dichtungen sind Bestandteile der Mobilelemente, aber austauschbar. (Nachtnebel, et al., 2000)

Die Standsicherheit ist aufgrund der sich aufbauenden Wassersäule und des Eigengewichts gegeben. Eine mögliche Verschiebung ist jedoch nicht auszuschließen, Lagekorrekturen sowie das Versetzen des Systems mittels Baumaschinen oder Hebezeugen ist möglich.

Abbildung 65 zeigt einen schematischen Aufbau einer Dreieckswand.

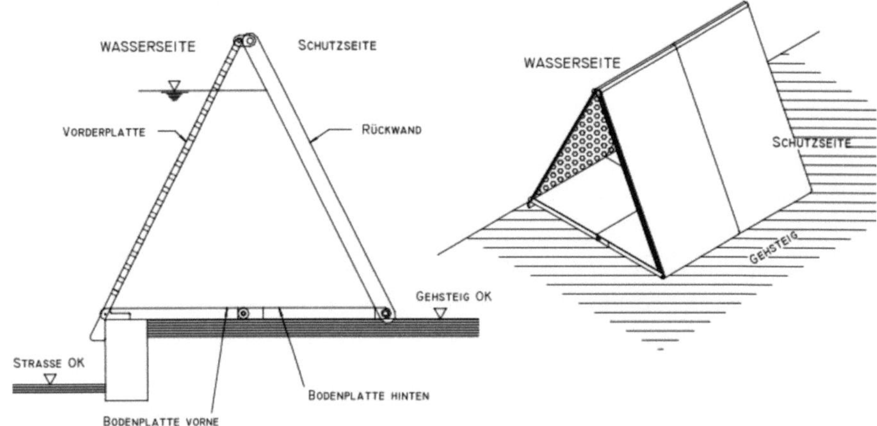

Abbildung 65: Systemaufbau einer Dreieckswand, vertikaler Schnitt (links), Kreuzriss (rechts)
(Nachtnebel, et al., 2000)

3.8.4.6 Behältersysteme

Grundsätzlich kann zwischen offenem Behältersystem und Klappsystem sowie geschlossenem Behältersystem unterschieden werden. Das Klappsystem stellt dabei eine Sonderform des offenen Behältersystems dar. (BWK, 2005)

- **Offenes Behältersystem**

  Das System besteht aus einer Stahlrahmenkonstruktion mit einem reißfesten Geotextil als Außenhülle.

  Das Befüllen der Behälter kann mit mineralischen Feststoffen wie Sand, Kies, Erde usw. erfolgen (siehe Abbildung 67). In der Praxis hat sich Wasser als Füllmittel nicht bewährt.

  Die mit Ösen ausgestatteten Elemente können mit Hebezeuge zu Dämmen zusammengesetzt und befüllt werden (siehe Abbildung 66). Die Dichtheit zwischen den Becken wird durch den Anpressdruck des Geotextils zueinander hergestellt. Eine Dichtungsfolie ist in der Regel nicht erforderlich.

  Die Entleerung der Behälter kann durch aufschneiden des Geotextils erfolgen. Das dadurch entstandene Loch kann durch Einfügen eines Ersatzflieses für den nächsten Einsatz wieder verschlossen werden.

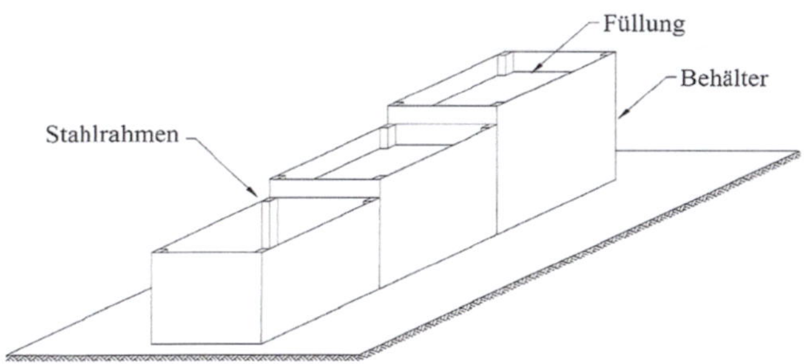

Abbildung 66: Behältersystem in verschiedenen Größen (BWK, 2005)

Abbildung 67: Offenes Behältersystem mit Sandfüllung
(www.silberbauer.cc, Zugriff am 20.9.2012)

- **Klappsystem**

Die Behälter sind um 90° gegen den Wasserdruck gedreht und bestehen aus einer starken, außermittig gefalteten Kunststoffplane. Die längere Seite der Plane wird auf den Boden gelegt und die kürzere Seite gegen das anströmende Wasser. Durch diese Anordnung stellt sich bei Anströmung die kürzere Seite auf und bildet somit die Schutzwand (siehe Abbildung 68).

Eingeschweißte Kunststoffwände begrenzen die möglichen Systemhöhen von 0,38 m, 0,53 m und 1,98 m. (BWK, 2005)

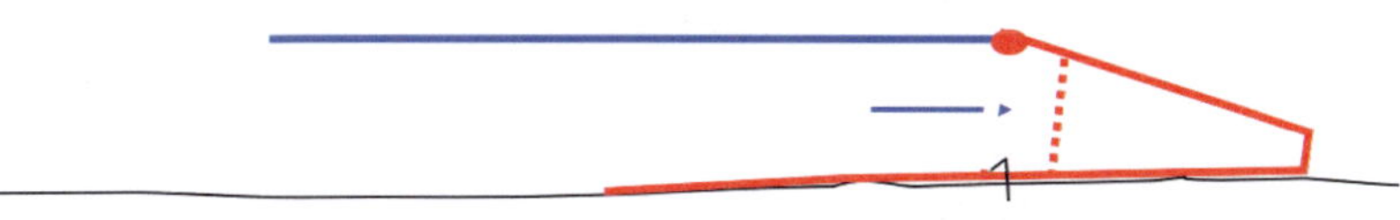

Abbildung 68: Systemaufbau eines Klappsystems (Egli, 2004)

Ein beispielhafter Systemaufbau sowie eine Einsatzmöglichkeit sind in Abbildung 69 dargestellt.

*Abbildung 69: Klappsystem während des Ausrollens aus einem Autoanhänger (links),
Einsatz als Objektschutz (rechts) (www.megasecure.com, Zugriff am 20.9.2012)*

Logistik

Das Klappsystem kann sehr schnell und notfalls von einer einzigen Person errichtet werden! Zur Erstellung eines Linienschutzes mit Klappsystem von 100 m Länge und 0,5 m Höhe wird laut Egli (2004) folgendes benötigt:

- *1 LKW für den Transport*
- *7 Klappelemente á 15 m (Stückgewicht ca. 34 kg)*
- *ca. 200 Bodenanker, Pflöcke oder Armierungseisen (bei Bedarf je nach Untergrund)*
- *ca. 2 – 4 Personen während einer halben Stunde für den Aufbau*

- **Geschlossenes Behältersystem**

  Das aus beschichtetem Polystyrol bestehende geschlossene Behältersystem wird in Trapez- und Schlauchform angeboten (Systemskizzen siehe Abbildung 70 und Abbildung 71)

  Im Einsatzfall wird das System zusammengefaltet bzw. -gerollt am Einsatzort angeliefert und anschließend mit Druckluft aufgeblasen. Aufgrund des geringen Gewichts ist es möglich das System ohne technische Hilfsmittel den Gegebenheiten anzupassen. Nach der Anpassung wird der unter Druckluft stehende Behälter mittels Feuerwehrschläuche oder Pumpen kontinuierlich befüllt bzw. entlüftet. Für die Beschaffungslogistik des Wassers ist es möglich, naheliegende Hydranten bzw. Gewässer heranzuziehen.

  Bei Trapezsystemen werden standardmäßig Systemhöhen von 1,05 m und 1,35 m Höhe angeboten. Sie sind zur Stabilisierung in mehreren Innenkammern unterteilt. (BWK, 2005)

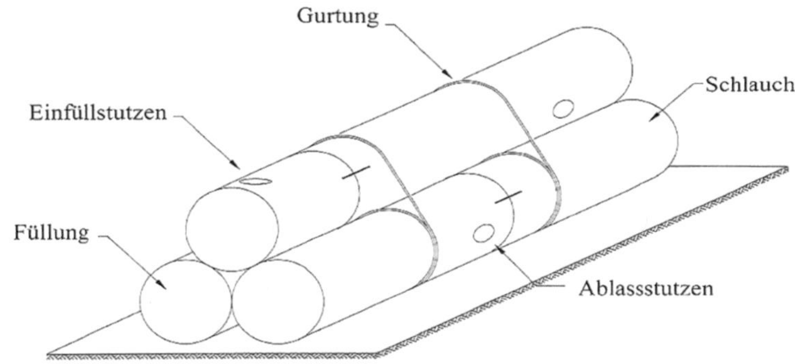

Abbildung 70: Schlauchsystem mit drei Schläuchen (BWK, 2005)

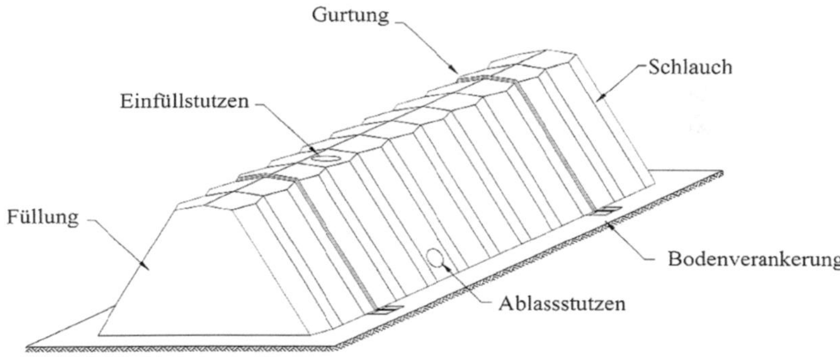

Abbildung 71: Trapezsystem (BWK, 2005)

Die Schutzhöhe für ein Schlauchsystem mit einem Schlauch beträgt 0,22 m. Durch verbinden der einzelnen Schläuche kann eine höhere Systemhöhe erreicht werden. Bei zwei Schläuchen, welche durch eine Lasche oder einen Gurt zu einem Doppelelement verbunden sind, kann eine Schutzhöhe von 0,5 m erreicht werden. Dabei verhindert der zweite Schlauch das Wegrollen des Ersten. Durch aufsetzen eines Dritten Schlauches auf die beiden bestehenden ist es möglich, eine Schutzhöhe von 1,20 m zu erzielen. Eine Fixierung der Schläuche durch Erdnägel ist aufgrund der Stabilität bei allen Varianten erforderlich. Falls mehrere Schläuche verwendet werden sind zusätzlich umschlingende Gurte anzuwenden.

Durch die flexiblen Außenwände kann sich das System an die topografischen bzw. die Untergrundverhältnisse gut anpassen.

Durch das Aneinandersetzen der Elemente ist ein beliebig langer Schutzdamm möglich. Richtungsänderungen können bei Schlauchsystemen durch einfaches abknicken realisiert werden. (BWK, 2005)

Logistik

Egli (2004) empfiehlt zur Herstellung eines Linienschutzes im Schlauchsystem mit Wasserbefüllung,100 m Länge und 0,6 m Höhe :

- *1 LKW für den Transport*

- *10 Schlauchdoppelelemente á 10 m (Stückgewicht ca. 60 kg)*

- *2 Gebläse zur Füllung des Systems mit Luft*

- *2 Pumpen inkl. Schläuche zur Füllung des Systems mit Wasser*

- *ca. 145 m³ Wasser*

- *ca. 6 Personen während einer Stunde für den Aufbau*

Bei einer Befüllung mit Sand erhöht sich der Aufwand, da der verwendete Sand antransportiert werden muss und es zu einem zusätzlichem maschinellen Aufwand (Betonmischer mit Förderband, Adapter und Kartuschenrohre zur Befüllung) kommt.

Abbildung 72 veranschaulicht den Systemauf- und abbau durch folgende Schritte: Entladen/Positionieren → Ausrollen → Befüllen → Ablassen

Abbildung 72: Systemaufbau eines geschlossenen Trapez Behältersystems
(www.schlauchmarty.ch, Zugriff am 20.9.2012)

3.8.4.7 Erdwälle

Diese Art des Hochwasserschutzes erfordert das Vorhandensein von Material und Gerät am Einsatzort bzw. eine schnelle Heranschaffung dieser. Ein Erdwall besteht hauptsächlich aus Bodenmaterial und dient zur provisorischen Sicherung von Flächen und Deichen oder zur Schließung von Lücken. Eine schematische Darstellung eines Erdwalls ist in Abbildung 73 ersichtlich.

Das erforderliche Material kann mittels Erdbaugeräten wie Bagger, Verschubraupen, LKW oder Hebezeugen beliebig am Einsatzort verteilt und aufgeschüttet bzw. aufgeschoben werden. Händische Werkzeuge wie Schaufel und Schiebetruhe sind für die Manipulation des Materials ebenfalls möglich.

Erdwälle bietet jedoch nur einen provisorischen Schutz bei Flüssen und Deichen da die Dichtwirkung nicht mit einem geplanten Erdwall, welcher einen Dichtschirm besitzt, verglichen werden kann.

Die Begrenzung der Stauhöhe hängt von den eingesetzten Geräten und von der Verfügbarkeit der Grundfläche ab. Je nach Dammmaterial sind verschiedene Böschungswinkel zu beachten.

Der größte Nachteil des Systems liegt in der Gefahr des Grundbruchs, dabei unterliegt die wasserseitige Böschung einem Auftrieb was bei einer Durchdringung mit Wasser zu einer Rutschung führen kann. Ebenso ist das Überströmen der Dammkrone mit Wasser problematisch, da es zu Ausschwemmungen auf der Landseite und somit zur Zerstörung des Dammes kommen kann. Durch Auflegen von Sandsäcke oder Geotextil kann die Situation verbessert und Vulnerabilität vermindert werden.

Um Einflüsse wie Wellenschlag oder den Anprall von Holz oder Treibgut zu vermindern, können zusätzlich auf die Sandsäcke oder dem Geotextil Kunststoffmatten oder Materialien mit ähnlicher Wirkung aufgelegt werden. Besondere Eigenschaften an den Untergrund sind nicht gefordert. (Nachtnebel, et al., 2000)

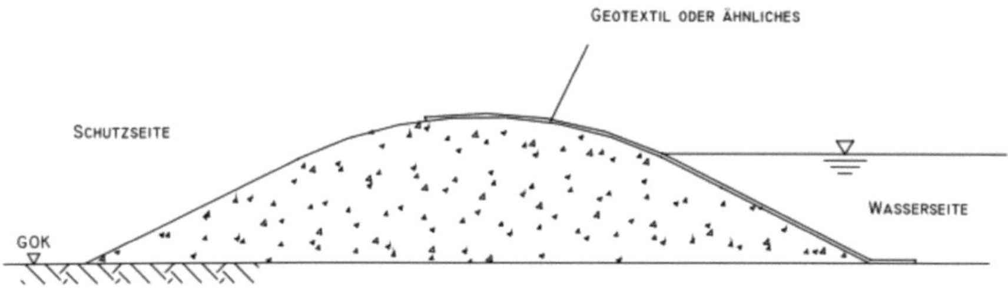

Abbildung 73: Vertikaler Schnitt durch einen Erddamm (Nachtnebel, et al., 2000)

3.8.4.8 Containersystem

Die an der Oberseite offenen vier- oder sechseckigen Container sind in ihrer Ausführung so steif, dass sie leer aufgestellt und von oben mit Sand oder erdähnlichem Materialien befüllt werden können.

Die Container bestehen aus einem Kunststoff – Geotextil welche mit einem vergüteten Metallgewebe aus geschweißtem Maschendraht verstärkt sind. Durch die Variabilität kann das System zusammengelegt und platzsparend transportiert und gelagert werden.

Im Einsatzfall ist ein ebener Untergrund, eventuell mit einer Vertiefung, erforderlich, auf den die Container aufgesetzt und falls nötig miteinander verbunden werden können. Anschließend werden die Container maschinell mittels Bagger, Hebezeuge oder dergleichen befüllt.

Aufgrund ihrer Form ist es möglich, die Container nach der Befüllung bis zu einer theoretisch Höhe von 3 m zu stapeln. Das System ist jedoch als Provisorium ähnlich einem Sandsacksystem zu betrachten. Der Vorteil liegt jedoch in der schnelleren Befüllung sowie in der Wiederverwendbarkeit.

Verschiedene Anordnungsmöglichkeiten der einzelnen Container sind in Abbildung 74 dargestellt. (Nachtnebel, et al., 2000)

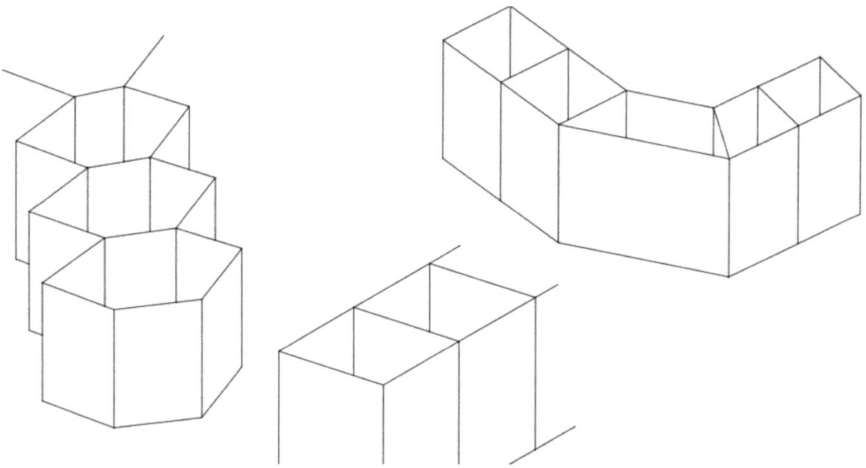

Abbildung 74: Containersystem in verschiedenen Ausführungen,
links quadratisch, Mitte rechteckig, rechts mit Richtungsänderungsstück
(Nachtnebel, et al., 2000)

3.8.4.9 Selbstsichernde Systeme

Selbstsichernde Systeme (siehe Abbildung 75 und Abbildung 76) bestehen aus Kunststoffbehältern, welche beliebig auf ebenem Untergrund aufgestellt werden können. Mithilfe von Steckverbindungen ist es möglich eine uneingeschränkte Anzahl von Elementen miteinander zu verbinden und einen Linienschutz aufzubauen. Mithilfe von Steckverbindungen können die Elemente in beliebiger Länge aufgebaut und als Linienschutz eingesetzt werden. Die Eckverbindungen, welche flexibel sind und zwischen 60° und 90° gedreht werden können, werden mit sogenannten „Hubs" ausgeführt.

Bei steigendem Wasserspiegel befüllt sich der anfangs leere Behälter durch ein an der Seite befindliches Loch an der Unterkante des Elements. Unter Ausgleich des Wasserspiegels wird infolgedessen eine vertikale Auflast im Inneren des Hohlkörpers aufgebaut. Ein rutschfestes schaumartiges Element an der Unterseite erzeugt mithilfe der vertikalen Belastung die erforderliche Systemstabilität und Dichtheit.

Die Einsatzhöhe und das Gewicht betragen bei dem System FLOODSTOP der Firma ME – Hochwasserschutz 50 bis 90 cm und je nach Ausführung 6 bis 21 kg.

Die Vorteile des Systems ergeben sich dadurch, dass für die Montage kein Werkzeug benötigt wird sowie dem geringen Einzelgewicht, was sich positiv auf die Logistik auswirkt. (Howasu, 2012)

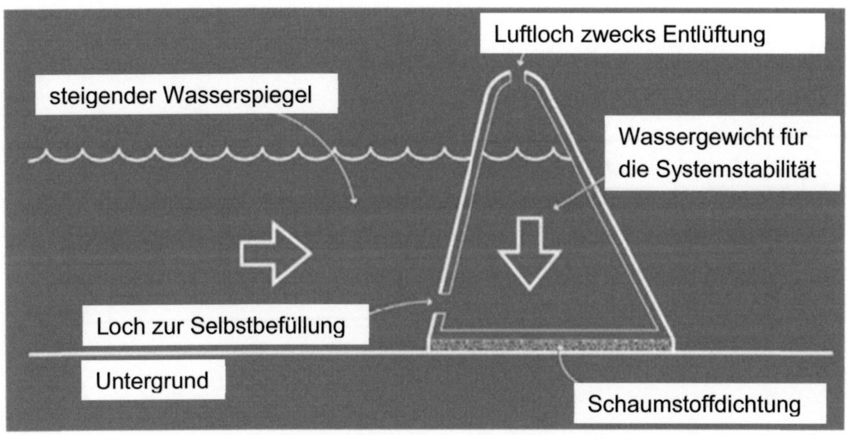

Abbildung 75: FLOODSTOP Systemskizze und Funktionsweise
(in Anlehnung an www.me-hochwasserschutz.at, Zugriff am 1.10.2012)

Abbildung 76: FLOODSTOP in praxisnahem Zustand: links als Sicherung einer Hauszufahrt, rechts als Beckensystem (www.me-hochwasserschutz.at, Zugriff am 1.10.2012)

Der Preis beträgt bei einer Einstauhöhe von 50 cm, 249 €/Laufmeter (Edinger, 2012).

3.9 Systemvergleich notfallmäßiger HWS - Systeme

Nachfolgend sind in Tabelle 6 die Eckdaten für notfallmäßiger Systeme dargestellt. Die Stauhöhe bezieht sich dabei auf 0,5 m.

Systemtyp	Max. Stauhöhe (m) (Herstellerangabe)	Personalbedarf / 100 m/h für den Aufbau (Pers.)	Investition (EUR / m)*
Sandsacksysteme	2	40	80 - 130**
Tafelsysteme	0,5	4 - 8	40 - 80
Schlauchsysteme	1,2	4	210 - 420**
Beckensysteme	1,5	4 - 8	330 - 370**
Klappsysteme	2	2	290 - 330
Bocksysteme	2	4 - 8	420 - 500
Dammsysteme	1	4	460 - 500
Betonelementsysteme	1	4	210
* Umrechnungskurs Franken - Euro (22.8.2012): 1:0,832			
** exkl. Kosten für den Erwerb und Transport von Sand			

Tabelle 6: Systemvergleich ortsgebundene Systeme. In Anlehnung an (Habersack, et al., 2009)

3.10 Vor- und Nachteile von notfallmäßigen und planmäßig mobilen HWS - Systemen

Nachfolgen werden Vor- und Nachteile der einzelnen Systeme gegenüber gestellt (siehe und Tabelle 8). Dabei wird auf unterschiedliche Eigenschaften wie Lagerung, Aufbauzeiten, Schutzhöhen etc. eingegangen.

Besonderes Augenmerk wurde dabei auf die praktische Anwendung gelegt.

3.10.1 Planmäßige mobile HWS - Systeme

Systembe-zeichnung	Vorteile	Nachteile
Dammbalken-systeme	• Freie Sicht auf das Gewässer • Schneller Aufbau • Flexibilität • Hohe Einstauhöhen realisierbar • Hochwasserschutz mit dem ersten Dammbalken • Aufbau mit steigendem Wasserstand möglich • Leichte Ersetzbarkeit beschädigter Teile • Bis Schutzhöhe 5 m geeignet	• Sachgemäße Lagerung in der Nähe des Einsatzortes notwendig • Oft Transportmittel notwendig • Qualifiziertes Personal notw. • Regelmäßige Wartung notw. • Nur am dafür vorgesehenem Einsatzort anwendbar • Anfällig gegenüber einem Aufprall von Treibgut, Schiffen und Fahrzeugen
Torsysteme	• Wenig anfällig gegenüber einem wasserseitigem Aufprall von Treibgut und Schiffen, sowie einem landseitigen Aufprall von Fahrzeugen • Keine Gefahr des Dominoeffekts • Hohe Einstauhöhen reallsierbar • Schneller Aufbau bzw. Schließung • Einsatz bei sehr kurzer Vorwarnzeit möglich • Für große Schutzhöhen geeignet	• Anfällig für Korrosion der Bauelemente (Führung, Aufhängung, Lager, Rollen) • Frei zugängliche Teile können beschädigt oder verstellt werden • Anfällig gegenüber dem Ausfall von Elektrik, Pneumatik, Hydraulik • Wartung der beweglichen Komponenten notwendig • Anfällig gegenüber einem Blockieren
Klappbare Systeme	• Lagerung vor Ort – dadurch kein Transport und kein Personal erforderlich • Schneller Aufbau • Einsatz bei sehr kurzer Vorwarnzeitmög-lich • Freie Sicht auf das Gewässer • Bis Schutzhöhe von 3,5 m geeignet	• Anfällig gegenüber einem Aufprall von Treibgut, Schiffen und Fahrzeugen • Lagerung im feuchten und verschmutz-ten Umfeld kann Korrosion an Scharnie-ren, Verriegelungen und Dichtungen verursachen • Anfällig gegenüber dem Ausfall von Elektrik, Pneumatik, Hydraulik • Wartung der beweglichen Komponenten notwendig • Anfällig gegenüber einem Blockieren

Systembe-zeichnung	Vorteile	Nachteile
Aufschwimmbare Systeme	• Wenig anfällig gegenüber einem landseitigen Aufprall von Fahrzeugen • Lagerung vor Ort – dadurch kein Transport und kein Personal erforderlich • Schneller Aufbau bzw. Aufschwimmen • Freie Sicht auf das Gewässer • Einsatz bei sehr kurzer Vorwarnzeit möglich Bis Schutzhöhe von 3,5 m geeignet	• Anfällig gegenüber einem wasserseitigen Aufprall von Treibgut und Schiffen • Anfällig gegenüber einer Verschmutzung oder Verlegung der Zuleitung • Lagerung im feuchten und verschmutzten Umfeld kann Korrosion an Hohlkörper, Führungseinrichtungen, Zuflussleitungen und Dichtungen verursachen • Anfällig für Sabotage Anfällig gegenüber einem Blockieren
Aufschwimmbare/ klappbare Systeme	• Lagerung vor Ort – dadurch kein Transport und kein Personal erforderlich • Schneller Aufbau bzw. Aufschwimmen • Freie Sicht auf das Gewässer • Einsatz bei sehr kurzer Vorwarnzeit möglich	• Anfällig gegenüber einem wasserseitigen Aufprall von Treibgut und Schiffen • Anfällig gegenüber einer Verschmutzung oder Verlegung der Zuleitung • Anfällig für Sabotage • Wartung notwendig • Anfällig gegenüber einem Blockieren • Mögliche Schäden erst bei steigendem Wasser sichtbar • Nur bis Schutzhöhe von 2,5 m geeignet
Schlauchsysteme	• Freie Sicht auf das Gewässer • Einsatz bei sehr kurzer Vorwarnzeit möglich • Lagerung vor Ort – dadurch kein Transport und kein Personal erforderlich	• Anfällig für Sabotage • Sachgemäße Lagerung und Wartung notwendig • Anfällig gegenüber dem Ausfall von Pumpen und Ventile • Anfälligkeit gegenüber Austrocknung, UV-Bestrahlung, chemischen Wasserinhaltsstoff • Anfällig gegenüber einem wasserseitigem Aufprall von Treibgut und Schiffen • Nur bis Schutzhöhe von 2,5 m geeignet
Klappbare Systeme	• Kein Transport zum Einsatzort und Aufbau – kein Personal erforderlich • Keine Lagerung erforderlich • „freie Sicht" auf das Gewässer	• Bruchanfällig • Regelmäßige Pflege (Reinigung) notwendig • Mögliche Beeinträchtigung des Verkehrs durch Spiegelung der Sonnenstrahlen • Wartung der Dichtung notwendig • Anfällig für Sabotage • Anfällig gegenüber einem Aufprall von Treibgut, Schiffen und Fahrzeugen • Nur bis Schutzhöhe von 1,5 m geeignet

Tabelle 7: Vor- und Nachteile von planmäßigen mobilen HWS - Systeme
(in Anlehnung an Sowa, 2010)

3.10.2 Notfallmäßige HWS - Systeme

Systembe-zeichnung	Vorteile	Nachteile
Sandsäcke-Tandemsandsäcke	• Flexibel an Einsatzort anpassbar • Einfacher Aufbau • Kostengünstig	• Kontaminierung des Materials • Hoher Personalbedarf • Lagern von großen Mengen Sand • Große Transportkapazitäten • Anfällig für Sabotage • Viele Einzelteile
Betonelemente	• Geringer Personalbedarf • Unanfällig gegenüber Sabotage • Hohe Standsicherheit	• Große Transportkapazitäten • Hebezeuge erforderlich • Gute Zufahrtsmöglichkeiten notwendig • Ebenes Gelände erforderlich
Tafelsysteme	• Geringer Personalbedarf • Geringer Transportkapazitäten	• Hohe Investitionskosten • Hoher Platzbedarf bei Lagerung • Viele Einzelteile • Qualifiziertes Personal notw. • Anfällig gegenüber einem Aufprall von Treibgut, Schiffen und Fahrzeugen
Stellwandsysteme	• Geringer Personalbedarf • Geringer Transportkapazitäten	• Hohe Investitionskosten • Hoher Platzbedarf bei Lagerung • Viele Einzelteile • Qualifiziertes Personal notw. • Anfällig gegenüber einem Aufprall von Treibgut, Schiffen und Fahrzeugen
Winkelwand Dreieckswand	• Geringes Gewicht • Schneller Aufbau • Geringer Personalbedarf • Kostengünstig	• Geringe Standsicherheit • Geringe Systemhöhen • Anfällig für Sabotage • Qualifiziertes Personal notw. • Anfällig gegenüber einem Aufprall von Treibgut, Schiffen und Fahrzeugen
Offenes und Geschlossenes Behältersystem	• Hohe Standsicherheit • Befüllung mit festen und flüssigen Materialien möglich	• Hoher Platzbedarf bei Lagerung • Große Transportkapazitäten • Hoher Personalbedarf • Bagger zum Auffüllen (Sand) • Gute Zufahrtsmöglichkeiten notwendig • Hohe Investitionskosten

Klappsystem	• Geringer Personalbedarf • Geringer Transportkapazitäten	• Viele Einzelteile • Qualifiziertes Personal notw. • Anfällig gegenüber einem Aufprall
Erdwälle	• Flexibel an die Umgebung anpassbar	• Gute Zufahrtsmöglichkeiten notwendig • Bagger zum Aufschütten • Große Transportkapazitäten • Hoher Platzbedarf bei Lagerung des Materials • Hohe Investitionskosten
Containersystem	• Hohe Standsicherheit • Befüllung mit festen und flüssigen Materialien möglich	• Hoher Platzbedarf bei Lagerung • Große Transportkapazitäten • Hoher Personalbedarf • Bagger zum Auffüllen (Sand) • Gute Zufahrtsmöglichkeiten notwendig • Hohe Investitionskosten
Selbstsichernde Systeme	• Muss am Einsatzort nur ausgelegt werden • Selbstsicherung • Geringer Platzbedarf bei Lagerung	• Ebenes Gelände erforderlich • Anfällig gegenüber einem Aufprall von Treibgut, Schiffen und Fahrzeugen

Tabelle 8: Vor- und Nachteile notfallmäßiger HWS - Systeme

3.11 Einsatzrandbedingungen

Hochwasserschutzsysteme können notfallmäßig oder geplant zum Einsatz kommen. Besonders bei notfallmäßigen Systemen sind Kenntnisse über den Einsatzort meist unzureichend bekannt. Dies erfordert ein hohes Maß an Flexibilität von den Systemen, birgt jedoch auch Risiken wie Stabilitätsprobleme oder Undichtheiten etc. in sich.

In Tabelle 9 sind laut BWK (2005), Rahmenbedingungen unterschiedlicher Einsatzszenarien (notfallmäßiger und geplanter) angeführt.

Kriterium	Notfallmäßiger Einsatz	Geplanter Einsatz
Einsatzort	unbekannt	bekannt
Vorwarnzeit	Ausrücken bei Alarmierung	Vorwarnung oder Alarmierung
Systemauswahl	Einsatz des verfügbaren Systems	Systemauswahl vor Einsatz
Bemessung/ Lastfälle	keine Bemessung	Bemessung gemäß den Empfehlungen des Merkblatts "Mobile Hochwasserschutzsysteme" des BWK (2005)
Systemaufbau	gemäß Einsatzleiter vor Ort	gemäß Notfallplan
Einbaukontrolle	empfohlen	notwendig
Schutzzonen	empfohlen	notwendig
Kontrollgänge	notwendig	notwendig
Systemabbau	gemäß Einsatzleiter	gemäß Notfallplan
Empfohlene max. Schutzhöhe	0,6 m	1,2 m

Tabelle 9: Kriterien für die Einsatzszenarien notfallmäßiger und geplanter Einsatz (BWK, 2005)

4 Mobiler Hochwasserschutz in städtischen Gebieten

Bedingt durch die zunehmende Versiegelung von Flächen in städtischen Gebieten durch Straßen, Gehwege, Parkplätze und Häuser, kommt es aufgrund des schnellen Abflusses zu immer höheren Abflussscheiteln. Münden die Wassermengen in ein Kanalsystem, ist eine Überlastung und infolgedessen eine Überflutung die Folge.

Laut Önorm EN 752 (2008) müssen Überflutungen auf national oder lokal festgelegte Häufigkeiten begrenzt werden, unter Berücksichtigung:

- *der Auswirkungen auf Gesundheit und Sicherheit durch Überflutung;*

- *der Schadenskosten der Überflutung;*

- *des Rahmens, in dem Oberflächenüberflutungen bewältigt werden können, ohne Schäden zu verursachen;*

- *ob Überlastungen zu Überflutungen von Kellergeschossen führen können.*

Regenwasserleitungen und –kanäle sind so zu bemessen, dass Überflutungen begrenzt werden. Die Überflutung bei sehr stark Regenfällen ist üblicherweise kaum zu vermeiden. Daher müssen Kosten und die politische Entscheidung der damit erzielbaren Überflutungssicherheit in einem ausgewogenen Verhältnis stehen.

Weiters wird beschrieben, dass um Spitzenabflüsse auf akzeptable Abflüsse zu begrenzen, Rückhaltemaßnahmen vorzusehen sind. Dies kann nach folgenden Prinzipien geschehen (EN 752, 2008):

- *Versickerung;*

- *Verringerung von undurchlässigen Flächen, die an das Entwässerungssystem angeschlossen sind;*

- *Abflussverzögerung und Abflussdrosselung.*

Maßnahmen dazu sind in Kapitel 4.3 beschrieben.

Bemessungskriterien für größere Erschließungen und Entwässerungssysteme

Bei Abflüssen aus größeren Erschließungen und Entwässerungssystemen, insbesondere wenn maßgebliche Schäden oder Risiken für die Gesundheit der Öffentlichkeit oder der Umwelt zu erwarten sind, sind zeitveränderliche Bemessungsregen und computergestützte Modelle zur Abflusssimulation einzusetzen. Die verwendeten Simulationsmodelle müssen in Zusammenarbeit mit der zuständigen Stelle ausgewählt werden. Für jede Anwendung ist es notwendig, dasjenige Verfahren zu wählen, bei welchem der Kostenaufwand, die Komplexität der Aufgabe und die geforderte Genauigkeit in einem angemessenen Verhältnis zueinander stehen.

In diesen Fällen sollte die Bemessung zur Begrenzung der Überlastungshäufigkeit erfolgen und daran anschließend die Bemessung geprüft werden, um sicherzustellen, dass diese die Kriterien für die Bemessungsregenhäufigkeit an besonders empfindlichen Stellen erfüllt.

Fehlen diese Bemessungskriterien in nationalen oder lokalen Vorschriften oder sind diese nicht durch die zuständige Stelle festgelegt, dürfen die Werte für die Überflutungshäufigkeit aus Tabelle 10 verwendet werden (EN 752, 2008).

Ort	Überflutungshäufigkeiten	
	Jährlichkeit (1-mal in „n" Jahren)	**Wahrscheinlichkeit für eine Überschreitung in 1 Jahr**
Ländliche Gebiete	1 in 10	10 %
Wohngebiete	1 in 20	5 %
Stadtzentren, Industrie- und Gewerbegebiete	1 in 30	3 %
Unterirdische Bahnanlagen, Unterführungen	1 in 50	2 %

Tabelle 10: Empfohlene Häufigkeiten durch eine Überflutung bei Bemessungsverfahren mit größerer Erschließung und Entwässerungssystemen (EN 752, 2008)

Wird eine Bemessung laut Önorm EN 752 (2008) vorgenommen, so muss das hydraulische Leistungsvermögen ausreichend sein, *um Überflutungen auf national und lokal festgelegte Häufigkeiten unter Berücksichtigung der Rückstauebene zu begrenzen.*

Weiters ist in der Önorm EN 752 (2008) vermerkt:

Nach einigen Rechtssprechungen liegt es in der Verantwortung des Eigentümers, für Schutz gegen Überflutungen von Kellergeschossen infolge von Überlastungen zu sorgen.

Abbildung 77 zeigt den westlichen Teil der Stadt Graz (Bezirk Webling). Es ist ersichtlich, dass der Versiegelungsgrad von 1986 bis 2007 deutlich zugenommen hat.

Abbildung 77: Darstellung der Versiegelung im Bereich Straßgang - Webling aus den Jahren 1986 und 2004. Blau markiert eine Versiegelte Fläche (Daten wurden vom Stadtvermessungsamt Graz zur Verfügung gestellt)

4.1 Gebäudeschutz vor eindringendem Kanalisationswasser

Bei einem Starkregenereignis ist mit einem Anstieg des Wasserspiegels im Kanalsystem zu rechnen. Ebenso kann ein zeitlich verzögerter Wassereintritt durch Grundwasseranstieg und undichte Kanäle mit ausschlaggebend für eine mögliche Überlastung des Kanals sein. Mündet der Kanalauslauf in einem Vorfluter und führt dieser Hochwasser, ist ein Rückstau über die Abflussleitungen und Hausanschlüsse bis in das Gebäudeinnere der umliegenden Gebäude wahrscheinlich (siehe Abbildung 78).

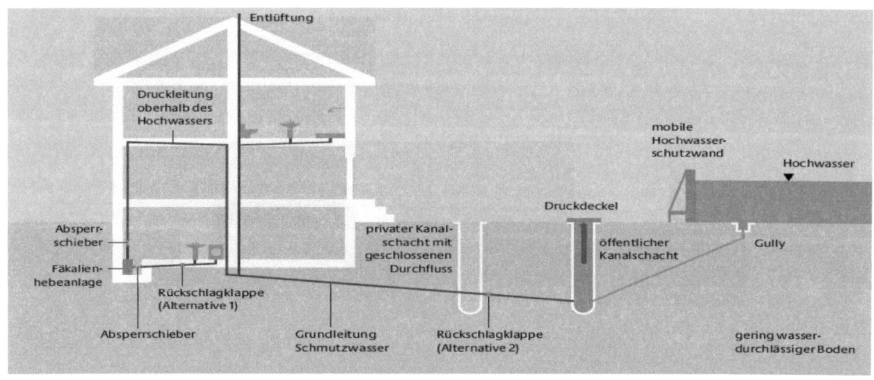

Abbildung 78: Unterschiedliche Schutzmaßnahmen bei Gebäudeentwässerungen (Ruiz, et al., 2010)

Bei nicht vorhandenen Sicherungseinrichtungen, wie z. B. Absperrschiebern oder Rückstauklappen (siehe Abbildung 79), steigt der Wasserspiegel im Gebäude bis zur Höhe des Wasserspiegels im Kanalnetz. Wasseraustritte aus Abflüssen bei Sanitäranlagen o.ä. können die Folge sein.

Absperrschieber sind bei hochwassergefährdeten Gebieten mit langer Vorwarnzeit und langen Einstauzeiten aufgrund ihrer größeren Sicherheit vorzuziehen, müssen jedoch von außen aktiviert werden, während sich die Rückstauklappe systembedingt selbst reguliert.

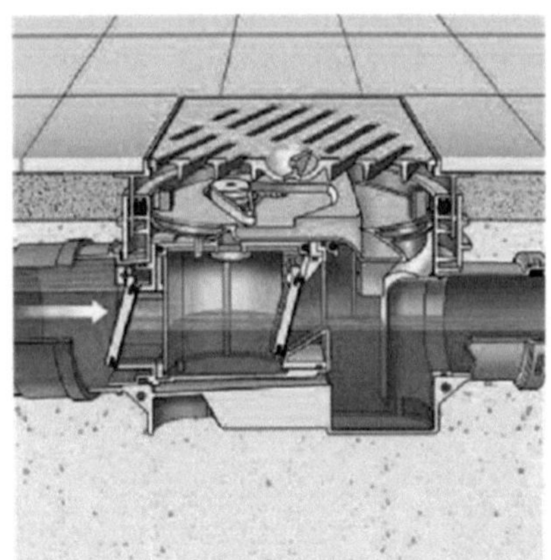

Abbildung 79: Schematische Skizze einer Rückstauklappe (links), Absperrschieber (rechts)
(Ruiz, et al., 2010)

Die Rückstauebene, welche durch das maximal mögliche Niveau des Wasserspiegels im Kanalnetz in nicht hochwassergefährdeten Gebieten beschrieben wird, kann von Behörden festgelegt sein. Gibt es keine behördlichen Informationen dazu, wird als Rückstauebene die Höhe der Straßenoberkante an der Anschlussstelle angenommen. In Überschwemmungsgebieten ist mit einem Anstieg des Wasserspiegels im Leitungsnetz bis zum Hochwasserspiegel zu rechnen, d. h. auch über die Rückstauebene hinaus (Ruiz, et al., 2010).

Überschwemmungen in hochwassergeschützten Außenbereichen wie z.B. hinter Hochwasserschutzwänden, können auf einen möglichen Rückstau an anderen Stellen des Kanalnetzes zurückzuführen sein. Wasser, welches aus dem Überschwemmungsbereich stammt, wird dabei durch die Kanalisation, ähnlich der kommunizierenden Gefäße, auf das Grundstück gedrückt (siehe Abbildung 80). Kann das Kanalnetz nicht durch Schiebereinrichtungen abgesperrt werden, bietet sich eine Überlaufsicherung in Form von Stahlzylinderaufsätzen oder Druckdeckeln an.

Zu beachten ist, dass die Rückstauproblematik großräumig angesehen werden muss und in z.B. Wohnsiedlungen nur bedingt auf Einzelobjekte anwendbar ist.

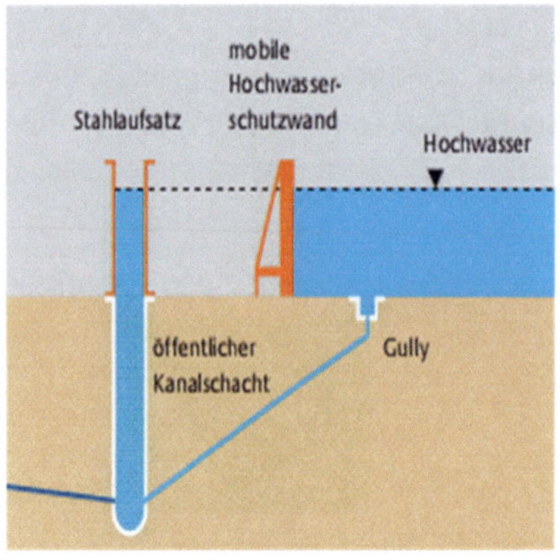

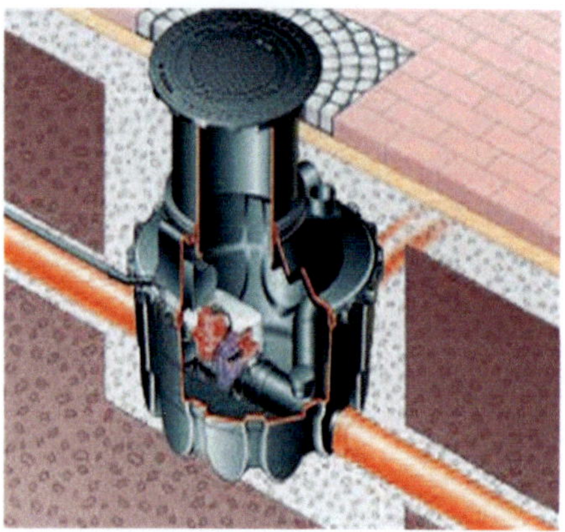

Abbildung 80: „Kommunizierende Gefäße" im Kanalsystem mit mobilen Hochwasserschutz (links), Rückstausicherung außerhalb des Gebäudes (rechts) (Ruiz, et al., 2010)

4.2 Städtebauliche Aspekte

Nachfolgendes Kapitel ist in Anlehnung an den Bund der Ingenieure für Wasserwirtschaft , Abfallwirtschaft und Kulturbau (2005) beschrieben.

Die Aktivierung eines mobilen HWS - Systeme ist zwar nur bei Gefahr notwendig, trotzdem ist auf das örtliche Orts- und Landschaftsbild Rücksicht zu nehmen. Einbauten wie Wandanschlüsse, Bodenverankerungen und Auflager beinträchtigen, wie in Abbildung 81 ersichtlich, zum Teil die umliegende architektonische Gestaltung erheblich.

Abbildung 81: Dammbalken vor einer denkmalgeschützten Mauer (BWK, 2005)

Eine kraftschlüssige Verbindung zwischen dem bestehenden Objekt und dem mobilen HWS - System wird mit Hilfe einer C-Schiene hergestellt. Wenn möglich sollte diese fest in die Bausubstanz eingelassen und farblich der Umgebung angepasst werden (siehe Abbildung 82). Durch geschickte Integration können C-Schiene und andere Einbauteile dadurch versteckt werden.

Abbildung 82: Farbliche Gestaltung eines Dammbalkensystems (BWK, 2005)

Eine Kaschierung der Anschlussprofile mittels Blenden, welche farblich gestaltet werden können und eine zusätzliche schmutzabweisende Wirkung haben, kann als optische Anpassung an die Umgebung genutzt werden (siehe Abbildung 83).

Abbildung 83: Farblich gestaltete Abdeckbleche für ein Dammbalkensystem (links), mittels Abdeckblech verdeckte C-Profile (Andritz) (BWK, 2005)

Das Basismaterial der Wandelemente ist überwiegend Aluminium, Stahl oder Edelstahl und kann je nach Bedürfnis durch Strukturierung der Oberfläche oder Farbgebung der Umgebung angepasst werden. In der Regel werden sie dazu wie in Abbildung 84 dargestellt, beschichtet bzw. beklebt.

Abbildung 84: Aufklappbares mobiles HWS - System mit angepasster strukturierter Oberfläche (BWK, 2005)

Neben den Möglichkeiten der farblichen Gestaltung oder Strukturierung der Oberfläche, besteht noch die Möglichkeit, wie in Abbildung 85 und Abbildung 86 zu sehen, Glaselemente als Flächenelemente einzusetzen. Glaswände können bis zu einer Stauhöhe von 1 m (BWK, 2005) verwendet werden.

Abbildung 85: Mobile - HWS Glaswand. Bei Bedarf wird die Wand aus der Ruheposition (links) in die Einsatzposition (rechts) abgesenkt (BWK, 2005)

Abbildung 86: In die vorhandene Bausubstanz integrierte Glaswände (links), auf eine Brüstungsmauer montierte Glaswand mit Stützen (rechts) (BWK, 2005)

Mobile Wandelemente sind in ihrer Trassenführung sehr flexibel. Bei entsprechender Auslegung der Stütze ist zwischen zwei Wandelementen nahezu jeder Richtungswechsel von 0° bis 180° möglich (BWK, 2005). Dies ermöglicht eine Anpassung an die örtlichen Gegebenheiten wie z. B. einer Linienführung entlang von Straßen, Flüssen oder Häuserfront.

4.3 Alternativen zu mobilem Hochwasserschutz

Assinger (2012) beschreibt in *„Niederschlagswasserbewirtschaftung"* unterschiedliche Möglichkeiten für die Bewirtschaftung von Niederschlagswassern. Solche Maßnahmen können eine Hochwasserwelle abflachen und zu einer Entspannung der Situation in urbanen Gebieten führen.

Folgende Möglichkeiten werden angeführt:

- Anlagen zur Zwischenspeicherung von Niederschlagswassern

  Nachfolgendende Anlagen dienen zur Retention von Niederschlagsabflüssen bevor Sie versickert, in ein Gewässer oder Kanalnetz abgeführt werden.

  o Retention auf Dachflächen

     Durch eine Begrünung auf der Dachhaut, welche aus verschiedenen Schichten besteht, wird der Niederschlagsabfluss reduziert bzw. verzögert. Die dadurch entstehenden Retentions- und Verdunstungsprozesse wirken sich positiv auf das Abflussverhalten aus.

     Grundsätzlich wird dabei zwischen einer Extensivbegrünung und einer Intensivbegrünung unterschieden, siehe Tabelle 11.

Dachbegrünung					
Begrü-nungsart	Schematischer Aufbau	Aufbaudicke (cm)	Vegetation	Wasser-rückhalt im Jahres-mittel (%)	Jahres-abfluss-beiwert ψ_a
Extensivbegrünung		2-4	Moos-Kraut-Gras-Begrünung	40	0,60
		> 4-6		45	0,55
		> 6-10		50	0,50
		> 10-15		55	0,45
		> 15-20		60	0,40
Intensivbegrünung		15-25	Rasen, Stauden, Sträucher oder Bäume (ab 50 cm)	60	0,40
		> 25-50		70	0,30
		> 50		> 90	0,10

Tabelle 11: Retention auf Dachflächen (Assinger, 2012); (AUE, 1998); (Reichmann, et al., 2010)

o Retention auf Straßen und Plätzen

Retentionsvolumen wird durch seitlich neben der befestigten Fläche angeordnete Gräben geschaffen. Diese dienen als Speicher und können einen vorübergehenden Einstau bewirken bzw. das Wasser gedrosselt abgeben.

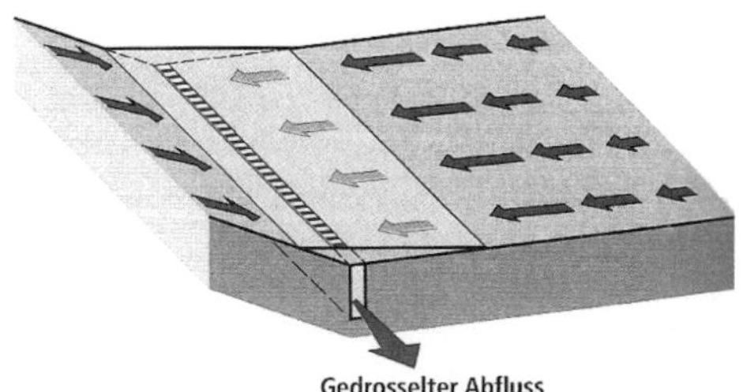

Abbildung 87: Retention auf Flächen oder Plätzen (VSA, 2002)

- Minimierung von versiegelten Flächen

    o Flächenversickerungsanlagen und durchlässige Befestigungen

    Bei diesem Konzept werden Böden, welche eine durchlässige und be-
    wachsene Oberfläche besitzen verwendet. Die Versickerungsleistung ist
    dabei größer wie der anfallende Regenabfluss. Die Versickerungsfläche
    kann je nach Erfordernis, Kapazität und Verfügbarkeit angepasst werden.

Weiters beschreibt Assinger (2012) zusätzlich noch Anlagen zur Versickerung von
Oberflächenwasser. Auf eine genaue Beschreibung dieser wird hier nicht eingegangen.

Dies können sein:

- Versickerungsanlagen mit oberirdischer Speicherung

    o Muldenversickerungsanlagen
    o Beckenversickerungsanlagen

- Versickerungsanlagen mit unterirdischer Speicherung

    o Rigolen- oder Rohrversickerungsanlagen
    o Schachtversickerung

- Kombination von Versickerungsanlagen

    o Mulden-Rigolen/Rohr-Versickerungsanlagen
    o Retentionsraumversickerung

4.4 Mobiler Hochwasserschutz am Beispiel Graz

Im folgenden Kapitel werden in Anlehnung an Praxl-Abel (2011) die Hochwasser-
schutzmöglichkeiten sowie der Maßnahmenplan der Stadt Graz beschrieben.

Im Grazer Stadtgebiet befinden sich neben der Mur ca. 52 Bäche. Bei nachfolgend
genannten Bächen ist es in den letzten Jahren zu Überschwemmungsereignissen
gekommen: Bründlbach, Ragnitzbach, Leonhard- und Stiftingbach, Mariatrosterbach,
Gabriachbach, Andritzbach, Thalerbach, Petersbach, Einödbach, Schöckelbach.

Vergangene Hochwasserereignisse der Stadt Graz haben gezeigt, dass ein beträcht-
liches Hochwasserrisiko besteht. Laut *„Abflussuntersuchung Grazer Bäche"*

(Hydroconsult, 1997) sind im Stadtgebiet von Graz bei einem 100 – jährlichen HW - Ereignis über 1.000 Bauobjekte hochwassergefährdet. Ein zunehmender Siedlungsdruck und der Ausbau des Verkehrsnetzes haben zu einer Verschärfung der HW – Situation geführt.

Von der von Nord nach Süd fließenden Mur droht nur eine bedingte Gefahr, da sich das Flussbett durch die Regulierung und energetische Nutzung eingetieft hat.

Bezüglich der Grazer Bäche sowie der Mur gibt es detaillierte Alarm- und Einsatzplä-ne bei denen es je nach Pegelstand unterschiedliche Vorgangsweisen gibt.

4.4.1 Mobile Hochwasserschutzsysteme der Stadt Graz

Folgende Tabelle zeigt, welche notfallmäßige mobile Schutzsysteme bei einem Hochwasserereignis im Grazer Stadtgebiet verwendet werden (Praxl-Abel, 2011):

Hochwasserschutzsystem	Bestand	Kosten €/Stk.
Sandsack (siehe 3.8.4.1)	100.000 Stk., davon 10.000 Stk. befüllt	0,13 €/Stk.
Klappsysteme (siehe 3.7.3.4)	400 m	5.000 €/Stk.
Offene Behälter (siehe 3.8.4.6)		15 €/Stk.

Tabelle 12: Bestand und Kosten der Grazer Hochwasserschutzsysteme (Praxl-Abel, 2011)

Welches mobile Hochwasserschutzsystems bei einem Hochwasserereignis verwen-det wird, hängt vom Einsatzort sowie der Hochwassermenge ab und wird vor Ort vom Einsatzleiter der Feuerwehr entschieden.

Die Schutzsysteme werden in Katastrophenlager der Wache Süd und Alte Poststra-ße gelagert. Zusätzlich sind noch 48 Sandsackdepots (siehe Abbildung 88 und Abbildung 89) welche für die Bevölkerung frei zugänglich sind, aufgestellt.

Abbildung 88: Für die Öffentlichkeit zugängliche Sandsackdepots in Graz,
Verladung der Gitterboxen mittels Kran (rechts) (Feuerwehr Graz, 2011)

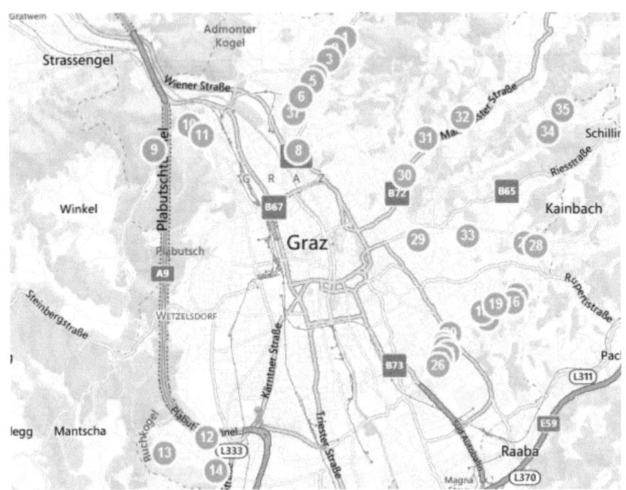

Abbildung 89: Sandsackdepots der Stadt Graz
(www.bing.at, Zugriff am 1.10.2012)

Für eine möglichst schnelle und effiziente Befüllung der Sandsäcke steht eine mobile Hochleistungs-Sandsackbefüllungsanlage zur Verfügung. Diese besitzt 7 Abfüllstutzen und einen 800 l Behälter für das Füllmaterial. Je Abfüllstutzen können pro Stunde mehr als 600 Säcke abgefüllt werden was eine Gesamtstundenleistung von mehr als 4.200 Säcken pro Stunde bedeutet. (www.Koenig-innovationstechnik.de, Zugriff am 15.8.2012)

4.4.2 Alarm- und Einsatzplan - Ampelsystem

Die in *„Selbstschutz Hochwasser"* (Nestler, et al., 2012) beschriebene Alarm- und Einsatzplanung der Stadt Graz fungiert nach einem Ampelsystem. Je nach Vorwarnzeit wird zwischen grüner, gelber und roter Phase unterschieden.

Um die Vorwarnzeiten möglichst gering zu halten, sind bei den Grazer Bächen 5 Pegelstandsmesser verbaut um Niederschlagsintensität, oberirdische Wasserstände wie z.B.: in Rückhaltebecken, unterirdische Wasserstände in Versickerungsanlagen sowie Durchflussmengen in Bächen zu messen. 9 weitere sind geplant (Information aus dem Jahr 2011).

4.4.3 Maßnahmenplan der Stadt Graz

Der Maßnahmenplan der Stadt Graz ist in folgender Struktur aufgebaut (siehe Abbildung 89).

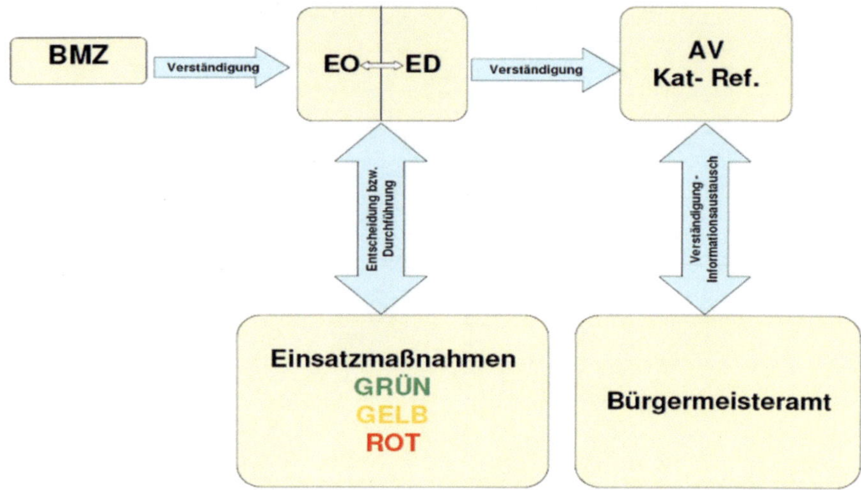

Abbildung 90: Maßnahmenplan der Stadt Graz bei eintretendem HW – Ereignis, BMZ – Brand-meldezentrale, EO - Einsatzoffizier, ED – Einsatzdirektor, AV – Abteilungsvorstand, Kat – Ref. - Katastrophenreferent (Praxl-Abel, 2011)

Im Allgemeinen werden Wetterdaten in Graz und Umgebung durch die ZAMG, der Landeswarnzentrale, den Medien, durch Pegelstandsmesser etc. beobachtet. Die Aufteilung der Zuständigkeiten der einzelnen Bäche in Graz erfolgt auf verschiedene Wachen der Grazer Berufsfeuerwehr. Dies sind die Zentralwache, die Hauptwache Ost, die Wache Süd sowie die Freiwillige Feuerwehr Kroisbach.

In dem nachfolgendem Unterkapitel werden nach (Nestler, et al., 2012) die einzelnen Vorwarnstufen genauer beschrieben.

4.4.4 Grüne Phase – Vorwarnstufe I

Die grüne Phase bedeutet keine unmittelbare Gefahr. Es werden Vorbereitungsmaß-nahmen gesetzt zu denen organisatorische Maßnahmen sowie die Bereitstellung von Ressourcen gehören. Die Vorlaufzeit dieser Phase beträgt 6 bis 12 Stunden. In dieser Phase werden Wetterdaten bei den in Punkt 2.3 beschriebenen Quellen eingeholt und bewertet.

In Tabelle 13 ist ein Auszug aus dem Maßnahmenkatalog bei grüner Alarmierungs-phase dargestellt.

GRÜN / Keine unmittelbare Gefahr	
Bauliche Maßnahmen	**Organisatorische Maßnahmen**
• Ufer und Böschungen von Gewässern pflegen • Hochwassersichere Elektroinstallationen und Heizungsanlagen einbauen • Gebäude gegen Grundwassereintritt abdichten • Gebäude gegen Rückstau aus der Kanalisation absichern (Rückschlagklappen) • Installationen zur Gebäudesicherung errichten (z. B. Dammbalken- oder Dammtafelsysteme) • Saugstelle im Keller inklusive Pumpe errichten • Schutz der Inneneinrichtung • Tanks durch Befüllen oder durch geeignete Halterungen gegen Aufschwimmen sichern, Öffnungen verschließen, technische Einrichtungen eventuell abmontieren	• Haushaltsvorrat anlegen • Bevorratung mit Dichtmaterial (z. B. Sandsäcke, Planen, Dämmstoffe) • Anmeldung zur Hochwasserinfo – SMS • Packliste für Notgepäck und Dokumente für ein eventuell notwendiges Verlassen des Hauses vorbereiten • Jedes Haushaltsmitglied sollte wissen, wo sich die Hauptschalter für Wasser, Strom, Heizung, Gas, Öl etc. befinden. • Persönliches/familiäres Sicherheitskonzept erarbeiten (im besonderen für Personen mit erhöhtem Schutzbedürfnis, z.B. Kinder, Senioren) • Wetterinformationen einholen • Zivilschutz- Warn- und Alarmsignale lernen • Gibt es Tiere, die im Notfall evakuiert werden müssen – wohin mit ihnen?

Tabelle 13: Auszug aus dem Maßnahmenkatalog bei grüner Alarmierungsphase (Nestler, et al., 2012)

4.4.1 Gelbe Phase – Vorwarnstufe II

Die gelbe Phase bedeutet erhöhte Einsatzbereitschaft, da es bereits eine mögliche Gefahr gibt. Als Maßnahmen werden ein provisorischer Einsatzstab hochgefahren, eine Ausrückorder der Einsatzkräfte festgelegt, Sperren errichtet und die Bevölkerung vor einer mögliche Gefahr informiert.

Diese Phase wird möglicherweise durch ein Zivilschutz-Warnsignal (gleichbleibender Dauerton von 3 Minuten) angekündigt. Beim Ertönen des Sirenensignals das Radio einschalten (Nestler, et al., 2012)!

In Tabelle 14 ist ein Auszug aus dem Maßnahmenkatalog bei gelber Alarmierungsphase dargestellt.

<table>
<tr><td align="center"><h1>GELB / Mögliche Gefahr</h1></td></tr>
<tr><td>Selbstschutzmaßnahmen</td></tr>
<tr><td>

- Kinder aus der Gefahrenzone bringen
- Kinder auf besondere Gefahren bei Hochwasser und Überflutungen aufmerksam machen (Aufsichtspflicht)
- Haus- und Nutztiere aus der Gefahrenzone bringen
- Radio- und Fernsehmeldungen beachten, Lautsprecherdurchsagen verfolgen, sich laufend informieren, wie sich die Situation weiter entwickelt
- Bei Gefährdung Fahrzeuge aus der Garage / dem Abstellplatz in Sicherheit bringen
- Bei ausreichender Gebäudestandsicherheit Abdichtungsmaßnahmen oder Flutung des Kellers vorbereiten und aktivieren
- Nachbarschaftshilfe organisieren und durchführen, Nicht-Betroffene sollen Betroffene unaufgefordert helfen.
- Gegenstände, die nicht nass werden dürfen, aus dem Keller räumen!
- Gegenstände, die durch den Strömungsdruck mitgerissen werden können, entfernen oder sichern
- Haupthähne und Schalter für Gas, Wasser Strom abdrehen! Auf Tiefkühltruhe nicht vergessen!
- Für ein Verlassen des Gebäudes ein Notgepäck griffbereit halten
- Straßen, Wege können überflutet sein (Sinnhaftigkeit von Ausfahrten überprüfen), Gefahren erkennen – Aquaplaning, Treibgut, Steinschlag etc.; als sicher angesehene Verkehrswege können Lebensgefahr bedeuten.

</td></tr>
</table>

Tabelle 14: Auszug aus dem Maßnahmenkatalog bei gelber Alarmierungsphase
(Nestler, et al., 2012)

4.4.2 Rote Phase

Bei dieser Phase geht man von einem eintreten einer Katastrophe in den nächsten 30 Minuten aus. Der Bürgermeister ruft für das Gebiet den Katastrophenzustand aus und der Einsatzstab wird voll besetzt. Neben der Verständigung der Grazer Einsatzkräfte werden zusätzlich Kräfte von anderen Landesfeuerwehrverbänden angefordert. Eine Einteilung in Einsatzabschnitte und falls nötig, eine Organisation der Evakuierung werden ebenfalls durchgeführt.

Diese Phase wird möglicherweise durch ein Zivilschutz-Alarmsignal (auf- und abschwellender Heulton von 1 Minute) angekündigt. Beim Ertönen des Sirenensignals das Radio einschalten (Nestler, et al., 2012)!

Tabelle 15 beschreibt einen Auszug aus dem Maßnahmenkatalog bei roter Alarmierungsphase

ROT / Akute Gefahr
Selbstschutzmaßnahmen
<ul><li>Für ein Verlassen des Gebäudes ein Notgepäck griffbereit halten</li><li>Kinder und Haustiere und dich selbst in Sicherheit bringen, keine tiefer liegenden Bereiche (Keller oder Tiefgaragen) betreten, Achtung Lebensgefahr!!!</li><li>Keine Rettungsversuche ohne Eigensicherung, rufen Sie Hilfe!</li><li>Betreten Sie Uferbereiche wegen Unterspülung und Abbruchgefahr nicht. Das gilt auch für das Befahren überfluteter und teilüberfluteter Straßen! Beachten Sie Absperrungen und folgen Sie den Anweisungen der Behörden und der Einsatzkräfte!</li></ul>

Tabelle 15: Auszug aus dem Maßnahmenkatalog bei grüner Alarmierungsphase
(Nestler, et al., 2012)

5 Beurteilung der mobilen HWS - Systeme für urbane Gebiete

Um eine Einteilung der einzelnen mobilen HWS - Systeme bezüglich ihrer pluvialen Verwendung durchführen zu können, wird als Instrument eine Kriterienmatrix verwendet (Fellendorf, et al., 2011). Je Kriterium werden bis zu 5 Punkte vergeben. Durch Aufsummierung der Punkte erhält man eine Reihung, wobei das System mit der höchsten Punktzahl den Vergleich gewinnt.

5.1 Beurteilungskriterien

Nachfolgende Kriterien dienen der Ermittlung des bestmöglichen Hochwasserschutzes in urbanen Gebieten unter Einfluss von pluvialen Hochwasserereignissen. Als Ausgangssituation wird eine Wohnstraße mit Gehsteig, unterirdisch führendem Kanal und einer Hauseinfahrten herangezogen.

Alle Kriterien mit Ausnahme der Vorwarnzeit, werden mit einer Skala von 1 (schlecht) bis 5 (sehr gut) bewertet. In urbanen Gebieten wird aufgrund der Kombination mit Starkregenereignissen die Vorwarnzeit mit einer Skala von 1 bis 10 bewertet.

- Vorwarnzeit

Welche Vorwarnzeiten sind notwendig um das System aktivieren zu können?

Die Bereitstellungszeit (siehe 3.4 Vorwarnzeit - Bereitstellungszeit) muss kleiner als die Vorwarnzeit sein. Einige Systeme bieten Schutz ab dem ersten Element. Andere benötigen einen vollständigen Systemaufbau um ihre Schutzwirkung zur erreichen. Besonders in urbanen Gebieten kann aufgrund eines Starkregenereignisses und des hohen Versiegelungsgrades der Hochwasserscheitel kurz nach und auch während des Ereignisses auftreten und somit die Vorwarnzeit auf einige Minuten minimieren.

Je schneller das System seine Schutzwirkung erreicht, desto höher die Bewertung.

- Aufbau

Wie gestaltet sich der Aufbau?

Einige Systeme benötigen für ihren Aufbau Hilfsmittel wie Werkzeug oder Kleingerät. Sind Hilfsmittel beschädigt oder nicht verfügbar, kann das einen schnellen Systemaufbau beeinträchtigen und sich verlängernd auf die Bereitstellungszeit auswirken.

Je weniger Hilfsmittel benötigt werden, desto einfacher gestaltet sich der Systemaufbau und umso höher ist die Bewertung.

- Systemsicherheit

Wie empfindlich sind einzelnen Elemente auf Störeinflüsse wie z.B. Treibgutanprall oder Überströmung?

Je nach Material und Konstruktion sind Systeme unterschiedlich empfindlich gegenüber äußeren Einflüsse. Teil- und Vollversagen der Schutzfunktion können die Folge sein. Der Faktor Standsicherheit wird ebenso mitberücksichtigt.

Je system- und standsicherer das System ist, desto höher ist die Bewertung.

- Ersetzbarkeit

Können beschädigte Teile ersetzt werden?

Die Schutzfunktion eines Systems kann durch Beschädigung eines Einzelteiles beeinträchtigt werden.

Je weniger Eingriffe in die Konstruktion nötig sind um dieses auszutauschen, desto besser ist das System für den Gebrauch geeignet und desto höher die Bewertung.

- Vorarbeiten

Sind Vorarbeiten notwendig um das System aktivieren zu können?

Vorarbeiten sind Arbeiten ohne die ein System nicht aufgebaut werden kann.

Das können folgende Arbeiten sein:

- Setzen von Schienen
- Verlegen von Leitungen
- Platzieren von Ankerpunkten
- etc.

Je weniger Vorarbeiten notwendig sind, desto besser ist die Bewertung.

- Einzelteile

Aus wie vielen Einzelteilen besteht das System?

Besteht das System aus vielen unterschiedlichen Einzelteilen, steigt die Fehleranfälligkeit beim Aufbau. Zudem ist qualifizierteres Aufbaupersonal erforderlich.

Umso weniger Teile für den Aufbau notwendig sind, desto besser ist die Bewertung.

- Hebezeuge/Transportfahrzeuge

Sind Hebezeuge oder Transportfahrzeuge für den Aufbau notwendig?

Systeme mit schweren Konstruktionselementen benötigen Hebezeuge um sie am Einsatzort aufstellen zu können. Da die Vorlaufzeit möglichst gering gehalten werden soll, können Füllmaterialien nur mithilfe von Transportfahrzeugen zum Einsatzort gebracht werden. Eine händische Befüllung ist möglich jedoch sehr zeitintensiv. Solche Systeme sind ohne maschinellen Einsatz nur bedingt für urbane Gebiete einsetzbar.

Sind für den Systemaufbau keine Hebe- und Transportfahrzeuge nötig, erhält das System eine hohe Bewertung.

- Personal

Wie viele Personen sind für den Aufbau nötig?

Je weniger Personen für den Aufbau notwendig sind, desto besser ist die Bewertung.

- Qualifizierung

Welche Qualifizierung des Personals wird für den Systemaufbau gefordert?

Systeme welche aus viele unterschiedliche Einzelteile bestehen und nur mit maschinellem Einsatz akivierbar sind, erfordern eine spezielle Einschulung der Einsatzkräfte. Das Übend der Abläufe und des Aufbaus müssen jährlich eingeplant und durchgeführt werden.

Je weniger qualifiziertes Personal erforderlich ist, desto besser ist die Bewertung.

- Lagerung

Kann das System vor Ort gelagert werden?

Umso näher die Einzelteile des Systems am Einsatzort gelagert werden, umso kürzer sind die Transportwege und die damit verbundenen Bereitstellungszeiten.

Ist das System kompakt und gestaltet sich die Lagerung einfach, erhält es eine hohe Bewertung.

- Systemhöhe

Welche Systemhöhe kann erreicht werden?

Die Systemhöhe ist ein entscheidendes Merkmal bei mobilen HWS - Systemen. Übersteigt die erforderliche Schutzhöhe die maximale Systemhöhe, ist mit einem

Szenario ähnlich einem Totalausfall zu rechnen. Systeme welche ihre Schutzhöhe durch die Größe der Einzelteile wie beispielsweise Tafelsysteme, erreichen, haben wiederum beim Transport und Aufbau aufgrund ihrer Sperrigkeit und des Gewichts Nachteile.

Hohe Systemhöhen werden hoch bewertet, niedrige niedrig.

- Gelände

Welche Voraussetzungen muss das Gelände am Einsatzort haben um das System problemlos aktivieren zu können?

Geländeeigenschaften wie Neigung, Oberflächenrauigkeit aufgrund von Pflastersteine sowie harte oder weiche Untergrundverhältnisse können auf die Systemstabilität und Dichtheit Auswirkungen haben.

Ist eine Anpassung des Systems an die Untergrundverhältnisse möglich, erhält es eine hohe Bewertung. Ergeben sich durch Unebenheiten im Gelände Systeminstabilität, Schlitze oder Spalten, erhält es eine niedrige Bewertung.

- Kosten

Wie hoch sind die Kosten für Beschaffung und Instandhaltung des Systems?

Beschaffungs- und Instandhaltungskosten können je nach System stark variieren. Da es nicht möglich ist für jedes System alle Kosten darzustellen, werden für Systeme welche fix am Einsatzort eingebaut werden und dafür einen hohen technischen Aufwand erfordern 1 Punkt, für Systeme welche Vorarbeiten am Einsatzort erfordern 3 Punkte, und für Systeme welche keine Vorarbeiten erfordern und aus wenigen Einzelteilen bestehen 5 Punkte vergeben.

5.2 Kriterienmatrix

		Kriterien													Gesamtpunktezahl
		Vorwarnzeit max. 10 P.	Aufbau	Systemsicherheit	Ersetzbarkeit	Vorarbeiten	Einzelteile	Hebe-/Transportfzg.	Personal	Qualifizierung	Lagerung	Systemhöhe	Gelände	Kosten	
planmäßig m. Systeme	Dammbalken- und Dammtafelsysteme	8	1	5	3	2	3	5	5	3	4	4	4	3	50
	Großflächig gewölbte Systeme	8	2	5	3	2	3	5	5	3	4	4	4	3	51
	Torsysteme	8	5	5	1	1	5	5	5	5	5	5	5	3	58
	Klappbare Systeme	10	5	5	1	1	5	5	5	5	5	4	5	1	57
	Aufschwimmbare Systeme	10	5	5	1	1	5	5	5	5	5	3	5	1	56
	Schlauchwehrsysteme	10	5	1	1	1	5	5	5	5	5	3	5	3	54
	Glaswandsysteme	10	5	5	1	1	5	5	5	5	5	2	5	1	55
notfallmäßige Systeme	Sandsäcke und Tandemsandsäcke	8	4	2	5	5	1	1	1	5	3	3	5	5	48
	Betonelemente	1	4	5	1	5	3	1	3	4	4	3	1	3	38
	Tafelsysteme	2	3	3	2	5	1	3	2	3	4	2	3	4	37
	Stellwandsysteme	2	3	3	2	5	1	3	2	3	3	2	3	4	36
	Winkelwand	3	4	1	4	5	4	4	3	5	3	2	3	4	45
	Dreieckswand	6	4	1	3	5	4	4	2	3	3	2	3	4	44
	Offenes Behältersystem	3	3	3	1	5	3	2	2	3	2	3	2	2	34
	Geschlossenes Behältersystem	3	3	3	1	5	3	2	2	3	2	3	2	2	34
	Klappsystem	6	4	1	2	5	4	3	3	5	3	2	5	4	47
	Erdwälle	1	5	5	2	5	4	1	1	5	1	3	5	3	41
	Containersystem	2	3	5	1	5	3	2	2	5	2	3	2	3	38
	Selbstsichernde Systeme	5	4	3	2	5	4	4	3	5	3	2	4	3	47

Tabelle 16: Kriterienmatrix zur Bewertung der notfallmäßig und planmäßig mobilen HWS – Systeme

Mit den eingangs erwähnten Randbedingungen ist aus der Kriterienmatrix (Tabelle 16) ersichtlich, dass sich Torsysteme für urbane Gebiete unter Einfluss eines Starkregenereignisses am besten eignen. Vorteile ergeben sich durch die schnelle Aktivierung, welche auch automatisch erfolgen kann, der hohen Systemsicherheit, dem geringen Personalbedarf, der geringen Anforderung an qualifiziertem Personal, der Lagerung vor Ort, der hohen Systemhöhe, der Anpassung an die örtlichen Gegebenheiten und den geringen Kosten.

Erkennbar ist, dass sich aufgrund der geringen Vorwarnzeit planmäßige mobile HWS - Systeme als besonders geeignet herausstellen. Diese können bei einer Überschwemmung manuell oder automatisch in ihre Einsatzposition gebracht werden und bieten daraufhin sofortigen Schutz. Nachteilig sind die hohen Errichtungs- und Instandhaltungskosten.

Notfallmäßige Systeme benötigen dagegen lange Vorwarnzeiten um einen entsprechenden Schutz herstellen zu können. Die Bereitstellungszeit hängt stark von den zur Verfügung stehenden Personen und Maschinen ab. Vorteile ergeben sich durch den flexiblen Einsatz, den nicht notwendigen Vorarbeiten am Einsatzort und dem technisch einfachen Aufbau.

Weitere Vor- und Nachteile der einzelnen Systeme sind in Kapitel 0 aufgelistet.

5.3 Vulnerabilitätskarte

Um eine Vulnerabilitätskarte erstellen zu können, ist es nötig, alle im Einzugsgebiet befindlichen Gebäude zu klassifizieren. Die Karte besteht aus einem Grundriss des betroffenen Gebietes bei dem jedes Objekt mit einer Nummer versehen ist. Die Nummer wird anhand einer Skala von 1 (sehr gering) bis 10 (sehr hoch) ermittelt und beschreibt das Schadenspotenzial im Hinblick auf Mensch- und Tierleben sowie Sachgütern. Die Bewertung ist von Fachexperten, wie beispielsweise Vermessungsingeniueren oder Sachverständigen, zu ermitteln. Einen ähnlichen Ansatz liefert die Önorm EN 752 (2008), dabei soll der Schutzgrad, in Verbindung mit dem Schadenspotenzial, auf einer Risikoabschätzung der Auswirkungen von Überflutungen auf Personen und Sachgütern beruhen. Die dadurch entstehende Karte kann der Öffentlichkeit zu Verfügung gestellt werden. Dies hat den Vorteil, dass sich beispielsweise Besitzer über die Schwachstellen ihres Gebäudes informieren, und wenn nötig, selbstständig Maßnahmen zum Schutz vornehmen können. Auf eine besonders einfache und verständliche Darstellung der Karten ist zu achten. (Edwards, et al., 2007)

Besonders empfindlich sind Objekte welche täglich von Menschen in Anspruch genommen werden.

Dies können beispielsweise

- der Arbeitsplatz oder das Wohngebäude

- Historische oder kulturelle Bauten welche einem besonderem Schutz unterliegen und bei denen sich ein Wiederaufbau als schwierig gestaltet

- Industrieanlagen

- Hotels mit einer großen Anzahl von Besuchern

- Seniorenheime

- Behindertenheime

- Gebäude welche aus Materialien wie Holz oder Lehm bestehen

- Gebäude welche aufgrund ihrer Bauweise gefährdet sind

- Untergrundinstallationen wie U-Bahnen oder Versorgungsleitungen

- Infrastruktureinrichtungen sein.

Eine Unterteilung der einzelnen Objekte kann je nach Nutzung und Wert wie folgt durchgeführt werden:

Wälder, Parks, Straßen, Autobahnen, Gleisstrecken, Wasserversorgungsanlagen, Abwasserentsorgungsanlagen, Krankenhäuser, Schulen, Pflegeheime, Hotels, öffentliche Plätze, Denkmäler, Industriezonen, Feuerwehr- und Rettungsstationen, Einfamilienhäuser, privates

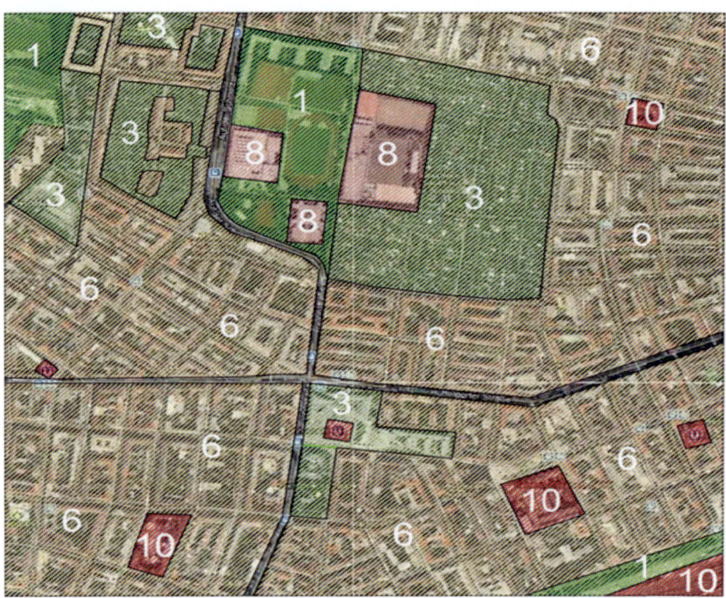

Abbildung 91: Vulnerabilitätskarte mit dem Einzugsgebiet: Am Jägergrund, Harter Straße, Am Bründlbach, Westbahngasse (unter Verwendung von www.maps.google.com, 2012)

Die in Abbildung 91 dargestellte Vulnerabilitätskarte zeigt einen Ausschnitt des Bezirks Straßgang (Graz). Um eine Abgrenzung zu den verschieden genutzten Objekten und Bereichen darzustellen, ist die Karte mit unterschiedlichen Schraffuren und Nummern hinterlegt. Diese Unterscheidung beschreibt beispielhaft die Empfindlichkeit in Zusammenhang mit dem Schadenspotenzial gegenüber einer Überflutung.

Folgende Bereiche wurden ermittelt und mit einer Skala, welche das Schadenspotenzial beschreibt, von 1 – 10 (sehr gering – sehr hoch) bewertet:

- Grünland (1)

- Schrebergärten (3)

- Wohngebäude (6)

- Industrie, Geschäftsgebäude, Restaurants (8)

- Kindergarten, Gleisstrecke (10)

Anhand dieser Vulnerabilitätskarte ist es möglich, Bereiche, welche bei einer Überschwemmung oder Überflutung sofortige Schutzmaßnahmen benötigen, zu definieren. Darauf basierend kann je nach Dringlichkeit ein notfall- oder planmäßiges mobiles HWS - System zum Einsatz gebracht werden.

6 Zusammenfassung und Ausblick

Im Zuge dieses Fachbuches wurde eine umfangreiche Recherche zum Thema „Mobile Hochwasserschutzsysteme in urbanen Gebieten" durchgeführt. Besonderes Augenmerk wurde dabei auf die Anwendbarkeit der Systeme in urbanen Gebieten unter Einfluss pluvialer Bedingungen gelegt.

Hochwasser und die damit verbundenen Überschwemmungen sind ein Naturereignis und können nicht vermieden oder nur ungenau vorausgesagt werden. Sach- und Personenschäden können die Folge sein. Um sich dagegen zu schützen, sind Hochwasserschutzmaßnahmen nötig. Dabei sind passive Schutzmaßnahmen wie ein natürlicher Wasserrückhalt, aktiven vorzuziehen. In dicht besiedelten Gebieten ist ein passiver Hochwasserschutz aus Platzmangel oder ästhetischen Gründen jedoch oft nicht möglich.

Aus diesem Grund wurden in den letzten Jahren eine Vielzahl von notfallmäßigen und planmäßig mobilen Hochwasserschutzsystemen entwickelt.

Notfallmäßige HWS - Systeme bieten zwar eine günstige Methode um sich bis zu einem bestimmten Grad vor Überschwemmungen zu schützen, erfordern jedoch ein hohes Maß an Eigen- bzw. Fremdinitiative. Nicht vernachlässigbar ist die Fehleranfälligkeit bei der Aktivierung von komplizierten Systemen. Diese erfordern geschultes Personal um den Aufbau korrekt durchführen zu können.

Planmäßig mobile HWS - System sind aufgrund der nötigen Vorarbeiten zwar die teurere Variante, benötigen jedoch für die Aktivierung kürzere Vorwarnzeiten und für den Aufbau weniger Personal. Einige Systeme können sich bei einer Überschwemmung systembedingt automatisch aktivieren. Dies hat besonders in urbanen Gebieten wo Berufstätige unter Tag möglicherweise nicht zu Hause sind um Schutzmaßnahmen zu treffen, Vorteile.

Um die einzelnen Systeme miteinander vergleichen zu können, wurden sie in einer Kriterienmatrix mit unterschiedlichen Kriterien bewertet. Die Kriterien wurden dabei speziell auf die Anwendbarkeit in urbanen Gebieten unter Einfluss pluvialer Bedingungen ausgewählt.

Der Vergleich ergab, dass planmäßige mobile Systeme für die Anwendung in dicht besiedelten Gebieten mit hohem Versiegelungsgrad besser geeignet sind wie Notfallmäßige. Dies ist hauptsächlich auf die kurze Bereitstellungszeit, zurückzuführen. Nachteilig ist hingegen der erhöhte Wartungsbedarf der Systeme, was sich wiederum auf die Kosten auswirkt.

Die Entscheidung ob notfallmäßige oder planmäßig mobile HWS - Systeme eingesetzt werden sollen, kann in einer Vulnerabilitätskarte ermittelt werden. Dabei wird das Schadenspotenzial für jedes Objekt beurteilt und in einer Karte anhand einer Skala dargestellt. Je nach Beurteilung kann ein System mit kurzen oder langen Bereitstellungszeiten eingesetzt werden.

Die Hochwasserkatastrophen der letzten Jahre haben gezeigt, dass Überflutungen in urbanen Gebieten aufgrund der Zunahme der Flächenversiegelung, zu Überbelastungen von Bächen und Mischwasserkanalsystemen führen. Die Ausführung von aktiven Hochwasserschutzmaßnahmen wie beispielsweise Hochwasserrückhaltebecken, ist in dicht besiedelten Gebieten oftmals nur eingeschränkt oder gar nicht möglich. In solchen Fällen können mobile Hochwasserschutzsysteme verwendet werden, um sich gegen Überschwemmungen und den damit verbundenen Schäden zu schützen. Die in dieser Arbeit vorgestellten System bieten die Möglichkeit, als Entscheidungshilfe für zukünftige Hochwasserschutzprojekte herangezogen zu werden. Eine genauere Betrachtung der Systeme in Bezug auf Anschaffungs- und Erhaltungskosten, Personal- und Einsatzkräfteaufwand sowie der Logistik in urbanen Gebieten wäre eine interessante Themengrundlage für nachfolgende Arbeiten.

Um die Hochwassersituation in urbanen Gebieten zu entschärfen, kann bei zukünftiger Planung neuer Siedlungen oder Stadtteile dem anfallenden Wasser aus einem Niederschlagsereignis, mehr Platz in Form einer Ausbreitungsfläche zur Verfügung gestellt werden. Im Falle einer Überschwemmung kann so Retentionsvolumen aktiviert und die Hochwasserwelle auf diese Weise abgeflacht werden.

Eine andere Alternative wären Korridore bei denen Wasser auf Straßen, ähnlich einem Gerinne, bergabwärts geleitet wird. Die anfallenden Wassermengen können danach in einen Vorfluter geleitet, auf einer Versickerungsfläche versickert oder in einem Retentionsspeicher gespeichert werden. Je nach Wassermenge kann seitliche an den Straßen eine Einfriedung, ähnlich einer Wand, hinzugefügt werden. Nachteilig sind je nach Gefälle, die hohe Fließgeschwindigkeit und die dynamisch wirkenden Kräfte des Wassers.

Eine weitere Möglichkeit bieten Simulationsmodelle bei denen die Wechselwirkung zwischen gekoppelten Vorgängen dargestellt wird. Dabei kann auf den Daten unterschiedlicher Einflussparameter wie einem Regenereignis, den Oberflächenverhältnissen oder dem Abflussverhalten des Wassers basierend, eine Simulation durchgeführt werden. Schwachstellen, welche aus dem Ergebnis der Simulation erkennbar sind, können somit in der Planung mitberücksichtig werden.

Ergänzend ist zu erwähnen, dass nicht nur mobile Hochwasserschutzsysteme vor Überschwemmungen schützen. Maßnahmen wie eine Entsiegelung von Flächen, Trennsysteme im Kanalsystem oder Retentionsmaßnahmen tragen in urbanen Gebieten zu einer Entspannung der Hochwassersituation bei.

Tabellenverzeichnis

Abbildungsverzeichnis

126

Literaturverzeichnis

Alukönigstahl. 2012. *alukönigstahl; URL:www.alukönigstahl.com.* 2012.

Assinger, Christian. 2012. *Niederschlagswasserbewirtschaftung.* Garz : s.n., 2012.

AUE. 1998. *Richtlinie zur Versickerung von Meteor- und Sauberwasser - Auszug aus dem Ordner "Abwasserbewirtschaftung in der Gemeinde, Teil 1".* Liestal : Amt für Umweltschutz und Energie - Bau- und Umweltschutzdirektion Kanton Basel-Landschaft, 1998.

BLW. 2004. *Hochwasser - Naturereignis und Gefahr.* München : s.n., 2004.

BMLFUW. 2000. 2000.

Bronstert, Axel, Fritsch, Uta und Daniel, Katzenmaier. 2001. *Quantifizierung des Einflusses der Landnutzung und -bedeckung auf den Hochwasserabfluss in Flussgebieten; http://www.umweltdaten.de/publikationen/fpdf-l/3595.pdf; letzter Zugriff am 10.7.2012.* Potsdam : s.n., 2001.

BWK. 2005. *Mobile Hochwasserschutzsysteme. Grundlagen für Planung und Einsatz; Merkblatt 6/BWK.* Sindelfingen : s.n., 2005.

DIN. 2011. *Hochwasserschutzanlagen an Fließgewässern.* 2011.

DIN, 4049-1. 1992. *Hydrologie; Grundbegriffe .* 1992.

DVWK. 1997. *Freibordbemessung an Stauanlagen - Merkblatt 246/1997.* s.l. : DWA, 1997.

Edinger, Michael. 2012. *ME-Hochwasserschutz.* St. Andrä-Wördern : s.n., 2012.

Edwards, Janet, Gustaffson, Martin und Näslund-Landmark, Barbro. 2007. *Handbook for Vulnerability Mapping.* 2007.

Egli, Thomas. 2002. *Hochwasservorsorge Maßnahmen und ihre Wirksamkeit; URL: http://www.iksr.org/fileadmin/user_upload/Dokumente_de/RZ_iksr_dt.pdf; letzter Zugriff am 10.7.2012.* Koblenz : Internationale Kommission zum Schutz des Rheins (IKSR), 2002.

Egli, Thomas. 2004. *Mobiler Hochwasserschutz, Systeme für den Notfall.* Bern : s.n., 2004.

Egli, Thomas, et al. 2004. *Mobile Hochwasserschutzsysteme, Klassifikation und Einsatzbereiche.* 2004.

EN 752. 2008. *Entwässerungssysteme außerhalb von Gebäuden.* Wien : Österreichisches Normungsinstitut, 2008.

Fellendorf, Martin und Luhan, Friedrich. 2011. *Konfliktmanagement.* 2011.

Grampelhuber. letzter Zugriff am 1.10.2012. *Boxwall; URL: www.awma.au.com.* letzter Zugriff am 1.10.2012.

Graw, Martina. 2003. *Hochwasser - Naturereignis oder Menschenwerk?* Bonn : Vereinigung Deutscher Gewässerschutz, 2003.

Habersack, Helmut, Bürgel, Jochen und Kanonier, Arthur. 2009. *FloodRisk II, Vertiefung und Vernetzung zukunftsweisender Umsetzungsstrategien zum integrierten Hochwassermanagement.* Wien : Bundesministerium für Land- und Forstwirtschaft, Umwelt und Wasserwirtschaft, 2009.

Hack, Hans-Peter. 2001. *Vorbeugender Hochwasserschutz in Thüringen.* Erfurt : Thüringer Ministerium für Landwirtschaft, Naturschutz und Umwelt, 2001.

Höppe, Peter. 2005. *Die Klimaerwärmung und ihre Folgen.* München : s.n., 2005.

Howasu. 2012. *Floodstop; URL:www.howasu.com; Zugriff am 30.10.2012.* 2012.

HWRL. 2007. *Richtlinie 2007/60/EG des Europäischen Parlaments und des Rates vom 23. Oktober 2007 über die Bewertung und das Management von Hochwasserrisiken.* Straßburg : s.n., 2007.

Hydroconsult. 1997. *Abflussuntersuchung Grazer Bäche.* 1997.

IBS. 2012. *Glaswände im Hochwasserschutz; URL:www.hochwasserschutz.de/de/ produktbereiche/hochwasserschutz/hochwasserschutz-glaswaende.php; letzter Zugriff am 22.4.2012.* Thierhaupten : s.n., 2012.

Jha, Abhas K., Bloch, Robin und Lamond, Jessica. 2012. *Cities an Flooding, A Guide to Integrated Urban Flood Risk Management for the 21st Century.* Washington DC : The World Bank, 2012.

Loat, Roberto und Petraschek, Armin. 1997. *Berücksichtigung der Hochwassergefahren bei raumwirksamen Tätigkeiten; URL: http://www.bafu.admin. ch/publikationen/publikation/00786/index.html?lang=de, letzter Zurgiff am 13.7.2012.* Bern : s.n., 1997.

Ministerium für Landwirtschaft, Naturschutz und Umwelt. 2003, Zugriff 22.4.2012. *Anleitung für die Verteidigung von Flussdeichen, Stauhaltungsdämmen und kleinen Staudämmen.* Erfurt : s.n., 2003, Zugriff 22.4.2012.

Nachtnebel, Hans-Peter, Seher, Irub und Hinterleitne, Georg. 2000. *Hochwasserschutz mit Mobilelementen.* Wien : Bundesministerium für Land- und Forstwirtschaft, Umwelt und Wasserwirtschaft, 2000.

Näf, David und Ort, Christoph. 2002. *Abflussbildung.* Zürich : Eidgenössische Technische Hochschule Zürich, 2002.

Naturschutz, Bundesamt für. 2004. *Hochwasser: Fakten & Hintergründe.* Bayern : s.n., 2004.

Naturschutz, Bundesverband für. 2004. *www.bund.net, Zugriff am 10.9.2012.* 2004.

Nestler, Helmut-Edmund. 2012. *Selbstschutz Hochwasser.* Graz : s.n., 2012.

Nestler, Helmut-Edmund und Zechner, Ernst. 2012. *Selbstschutz Hochwasser.* 2012.

Pagenkopf, Anja. 2003. *Hochwasser; URL: http://album.iimaps.de/projekte/ bode/handout_hw.PDF; letzter Zugriff am 10.7.2012.* Berlin : s.n., 2003.

Patt, Heinz, et al. 2001. *Hochwasserhandbuch Auswirkung und Schutz.* s.l. : Springer DE, 2001.

Pelikan, Bernhard. 2006. *Wasserwirtschaft und allgemeiner Wasserbau.* Wien : s.n., 2006.

Praxl-Abel, Alexandra. 2011. *Hochwasserschutz mit Schwerpunkt "Mobiler Hochwasserschutz".* Graz : s.n., 2011.

Randl, Fritz, Honsowitz, Hubert und Saurer, Bruno. 2006. *Fließgewässer erhalten und entwickeln.* Wien : Bundesministerium für Land- und Forstwirtschaft, Umwelt und Wasserwirtschaft und Österreihischer Wasser- und Abfallwirtschaftsverband (ÖWAV), 2006.

Reichmann, Brigitte, et al. 2010. *Konzepte der Regenwasserbewirtschaftung - Gebäudebegrünung, Gebäudekühlung.* Senatsverwaltung für Stadtentwicklung. Berlin : allprint GmbH, 2010. ISBN 978-3-88961-140-6.

Renner, Helmut. 1979. *Kleine Kläranlagen.* Graz : Institut für Siedlungswasserwirtschaft, TU Graz, 1979.

Rulz, Rodriguez, Zeisler und Blank. 2010. *Hochwasserschutzfibel, Objektschutz und bauliche Vorsorge.* Berlin : Bundesministerium für Verkehr, Bau und Stadtentwicklung, 2010.

Schöpf, R. 2003. *Erfahrung beim Einsatz von mobilem Hochwasserschutz.* 2003.

Sowa, Wojciech. 2010. *Hochwasserschutz: Vermeidung von Schäden durch mobile Schutzsysteme.* Hamburg : Diplomica Verlag, 2010.

Thuerkow, Detlef. 2008. *Faktoren der Entstehung von Hochwasser; URL http://mars.geographie.uni-halle.de/geovlexcms/golm/hydrologie/hwentstehung/ faktoren; letzter Zugriff am 18.03.2012.* 2008.

TMLNU. 2003. *Anleitung für die Verteidigung von Flussdeichen, Stauhaltungsdämmen und kleinen Staudämmen.* Erfurt : Thüringer Ministerium für Landwirtschaft, Naturschutz und Umwelt, Abteilung Wasser, Boden Altlasten, 2003.

Vogel, Gerhard. 1990. *Handbuch zur umweltschonenden Beschaffung in Österreich.* Wien : Bohmann Verlag, 1990.

Vogelbacher, Alfons und Karin, Wüllner. 2004. *Hochwasser Naturereignis und Gefahr.* München : Baryrisches Landesamt für Wasserwirtschaft, 2004.

VSA. 2002. *Regenwasserentsorgung, Richtlinie zur Versickerung, Retention und Ableitung von Niederschlagswasser in Siedlungsgebieten.* [Hrsg.] Verband Schweizer Abwasser- und Gewässerschutzfachleute. Zürich : Eigenverlag, 2002. S. 120.

www.baulinks.de. 2012. *Großflächig gewölbte Systeme; URL:www.baulinks.de; Zugriff am 12.9.2012.* 2012.

www.city.kamloops.bc.ca. Zugriff am 25.10.2012. *http://www.city.kamloops.bc.ca/ stormwatertrees/index.shtml; letzter Zugriff am 25.10.2012.* Zugriff am 25.10.2012.

www.hochwasser.de. letzter Zugriff am 10.7.2012. *www.hochwasser.de; URL: http://www.hochwasser.de/index.php?option=com_content&view=article&id=62&Itemi d=24;.* letzter Zugriff am 10.7.2012.

www.Koenig-innovationstechnik.de. Zugriff am 15.8.2012. *Power Sandking 800 Turbo; URL: http://www.koenig-innovationstechnik.de/produkte/sandsackabfuell anlagen/psk800turbo.html; letzter Zugriff am 15.7.2012.* Zugriff am 15.8.2012.